Planète biotech

Sup'Biotech est une école d'ingénieurs spécialisée en biotechnologies, proche du monde de la recherche comme du monde de l'entreprise, qui propose une formation innovante en 5 ans après le bac. Ce cursus permet aux étudiants d'accéder rapidement à des postes à responsabilités, en France comme à l'international, dans les secteurs très porteurs de la santé et la pharmacie, de l'innovation agroalimentaire, de la cosmétologie, de la bio-informatique ou encore de l'environnement. Les études, combinant fondamentaux académiques, projets étudiants et stages en entreprise, sont découpées en deux parties selon la norme européenne : le cycle préparatoire (2 ans) et le cycle ingénieur (3 ans). La formation des ingénieurs en biotechnologies de Sup'Biotech est labellisée par Medicen Paris Région et Industries and Agro-Ressources (I.A.R.). Sup'Biotech propose également une filière apprentissage à partir de bac+3, ainsi qu'un Bachelor en biotechnologies, une formation certifiée et reconnue en 3 ans qui délivre le grade de licence, accessible après le bac. Sup'Biotech est un établissement d'enseignement supérieur privé habilité à délivrer le titre d'ingénieur et reconnu par l'État (arrêté du 15/12/14 et B.O du 08/01/15).

Sup' Biotech



Couverture : Anna Drillech

Illustrations : Hubert Blatz

Imprimé en France sur les presses de l'imprimerie Laballery
sur Munken Print White 18, 80 g/m2 d'Arctic Paper

Photogravure : IGS

ISBN : 978-2-36405-227-7

**www.fypeditions.com**

FYP éditions remercie le Conseil régional et la DRAC de la région Nouvelle-Aquitaine pour leur soutien à notre programme éditorial.

# PLANÈTE BIOTECH

## 2030 : La vie avec les biotechnologies

fyp

« Santé de la terre, qualité de l'alimentation et santé humaine
sont indissociables. »
Pierre Rabhi (1938-2021), agriculteur et penseur écologiste

*

« Je pense que les plus grandes innovations du XXI^e^ siècle se situeront
à l'intersection de la biologie et de la technologie.
Une nouvelle ère débute. »
Steve Jobs (1955-2011), fondateur d'Apple

# Sommaire

# Avant-Propos

Vanessa Proux

Il y a déjà huit ans paraissait notre premier ouvrage consacré aux biotechnologies. Son titre, *Les promesses du vivant,* était évocateur des attentes autour de cette science et s'adressait, pour une fois, au grand public. « Promesses », parce que certaines des innovations présentées dans ce livre étaient encore à un stade précoce et recelaient un potentiel que nous estimions capable de s'exprimer un jour, à force de recherches et d'essais, dans l'un des nombreux domaines d'applications des biotechnologies qui y étaient présentés (santé, pharmacie, cosmétique, environnement, agroalimentaire, etc.). Les biotechnologies s'inscrivent pleinement dans une nouvelle ère économique, la bioéconomie qui a commencé son envol au XXIe siècle. Gageons que cet ouvrage a su toucher son public et faire naître quelques vocations.

Nous souhaitions poursuivre cette aventure et l'idée d'un deuxième livre s'est rapidement imposée. Les progrès de la science sont rapides ; il y a eu plus d'avancées ces cinquante dernières années qu'au cours des cinq cents ans qui ont précédé. Elles vont permettre de continuer à répondre à nos besoins essentiels : se nourrir, se soigner et vivre en préservant la planète et ses ressources. Nous avons donc essayé, au travers des témoignages de ses acteurs, de nous projeter un peu plus dans le futur et d'imaginer comment les biotechnologies feront partie intégrante de nos vies en 2030 et après.

Mais revenons d'abord sur ces huit dernières années. De nouvelles découvertes ont été faites, d'autres se sont concrétisées pour devenir des outils majeurs dans l'arsenal de la science, comme Crispr Cas-9, qui a valu un prix Nobel de chimie en 2020 à Emmanuelle Charpentier, laquelle, avec l'Américaine Jennifer Doudna, a découvert cette paire de « ciseaux moléculaires ». (À quand le prix Nobel de biotechnologies ?) Citons également l'avènement de l'intelligence artificielle qui a quitté l'imaginaire de la science-fiction pour s'imposer dans nos vies. Cette nouvelle technologie est porteuse d'énormes espoirs dans les sciences médicales, de la conception de nouveaux médicaments à l'analyse d'imagerie médicale en passant par le diagnostic précoce de certains cancers, mais aussi dans d'autres domaines tels que l'agriculture et la chimie. Et, surtout, rappelons que l'humanité tout entière est entrée dans la plus grande crise sanitaire mondiale depuis ces 100 dernières années…

Dire qu'il y aura un avant et un après Covid-19 relève presque de l'euphémisme. Et même si cette pandémie mondiale n'est malheureusement pas terminée, sachant que d'autres peuvent survenir, l'espèce humaine, dans sa grande capacité de résilience, a bien compris qu'une menace biologique était aussi dramatique qu'une menace nucléaire.

Face à cette crise sanitaire, la mobilisation extraordinaire de l'écosystème des biotechnologies, de la start-up à la Big Pharma, a permis une réaction rapide qui aurait été impossible sans les générations de chercheurs qui se sont succédé au fil des années pour se préparer à ce genre d'éventualité. Qui aurait parié sur l'élaboration d'un vaccin en moins de douze mois alors qu'avant cette crise, les plus optimistes tablaient sur plusieurs années, sachant qu'en temps normal il faut plus de dix ans pour élaborer et tester un nouveau médicament ? Pour en arriver à ce résultat, la formule « des chercheurs qui cherchent on en trouve, des chercheurs qui trouvent, on en cherche… » n'aura jamais été autant prise en défaut.

Pourtant, les chercheurs n'ont pas découvert la solution du jour au lendemain. Ils se sont appuyés sur une molécule naturellement présente dans nos organismes : l'ARN messager, étudié depuis près de trente ans dans l'optique de développer un nouveau type de vaccin. Cet acide ribonucléique qui permet la synthèse des protéines dans les cellules vivantes attendait patiemment que son heure arrive. On imagine déjà les multiples applications que l'on pourra trouver à cette technologie prometteuse, dans l'élaboration de nouveaux vaccins, mais aussi pour des traitements plus ciblés sur des maladies telles que la sclérose en plaques et certaines formes de cancers.

Si se soigner est à la première place des préoccupations ces dernières années, se nourrir flirte également avec ce podium et continuera à agiter la sphère des biotechnologies. Ce n'est pas une coïncidence si la NASA elle-même recrute des biologistes pour son programme martien. Aller dans l'espace ne relève plus du rêve, on parle maintenant de s'y installer. Les nouvelles avancées en biotechnologie contribueront-elles à nourrir les premiers colons humains de l'espace ?

Sur Terre, il y a encore beaucoup de choses à dire sur l'impact des biotechnologies dans l'agriculture et sur les modifications génétiques apportées à certaines plantes pour qu'elles poussent plus vite et produisent davantage. Ce débat est important, car il ne faut jamais oublier que le mot « éthique » doit être associé aux biotechnologies dès qu'elles sont sollicitées, et ce dans tous ses domaines d'application.

Avec une population mondiale évaluée à dix milliards d'individus en 2050, le surplus de personnes à nourrir engendrera mathématiquement plus de pollution. Dans ce domaine, les biotechnologies ont leur mot à dire, avec la conception de procédés de dépollution et la valorisation de molécules biosourcées, répondant ainsi à un objectif d'économie circulaire, respectueux de notre planète. Des expériences à grande échelle ont déjà été menées, certaines couronnées de succès, d'autres en attente de résultats probants. On pense au « 7e continent », où se sont agglutinés des déchets plastiques, qui dérive sur l'océan Pacifique, et aux espoirs fondés sur une petite bactérie pour régler le problème – tout en opérant un changement profond de nos habitudes de consommation.

Pour terminer, je souhaiterais remercier Safi Douhi et toutes les personnalités mises à contribution pour l'écriture de cet ouvrage qui n'aurait pas pu voir le jour sans leur investissement, leur patience et leur passion pour les biotechnologies. J'espère que nos étudiants prendront la relève et que l'utilisation des biotechnologies continuera d'assurer sa mission principale : améliorer le quotidien de l'humain.

Bonne lecture.

# Introduction

### Que signifie le terme « biotechnologie » ?

Les biotechnologies revalorisent les bienfaits du vivant – du visible (mammifères, végétaux) à l'invisible (bactéries, levures) – pour les mettre au service de l'humanité.

Le dictionnaire *Larousse* propose la définition suivante : « Toute technique utilisant des êtres vivants (micro-organismes, animaux, végétaux), généralement après modification de leurs caractéristiques génétiques, pour la fabrication industrielle de composés biologiques ou chimiques (médicaments, matières premières industrielles) ou pour l'amélioration de la production agricole (plantes et animaux transgéniques ou organismes génétiquement modifiés). Au pluriel, industries employant ces techniques, notamment dans les domaines agricole et agroalimentaire, dans la chimie et dans l'industrie pharmaceutique. »

Pour beaucoup, ce terme est perçu comme une façon qu'a trouvée l'espèce humaine de bricoler le vivant, afin de l'améliorer (la thérapie génique, par exemple) ou de le détourner (pour produire des médicaments notamment). Les détracteurs des biotechnologies y verraient plutôt une volonté des scientifiques de jouer avec la vie, ou pire, de jouer à être Dieu. Une allégation que confirment malheureusement certains scientifiques, au risque d'être pris au sérieux et de voir leurs propos repris *ad hominem* par nombre de médias mal informés et souvent mal intentionnés. Ce que François Jacob et François Gros, deux des plus éminents biologistes français dont le nombre respectif de récompenses rendrait jaloux un sportif de haut niveau, commentaient, facétieusement sans doute, à propos de leur domaine, et ce bien avant l'émergence de cette nouvelle technoscience qu'est la biotechnologie : « Comme la biologie n'a rien à dire sur les structures sociales, on peut lui faire dire n'importe quoi. »

Les technologies auraient-elles plus à dire ? Rien n'est moins sûr. Il n'y a qu'à voir ou écouter ce qu'est capable de produire l'intelligence artificielle lorsqu'on lui demande de créer un texte littéraire ou une chanson !

La définition de la biotechnologie du *Larousse*, quoique juste, n'en est pas moins incomplète. On peut, en effet, lui préférer celle que le biologiste français Pierre Tambourin[1] livre dans sa notice de l'*Encyclopædia Universalis* consacrée au sujet : « Les biotechnologies se définissent aujourd'hui comme l'ensemble des méthodes et des techniques utilisant des composants du vivant (molécules, organites, cellules, organismes) pour rechercher, modifier ou produire des substances chimiques ou des éléments d'origine végétale, animale ou microbienne. »

On retrouve, cette fois, une notion des plus importantes, oubliée par le prestigieux dictionnaire francophone. Une notion que l'Organisation de coopération et de développement économiques (OCDE) met, elle aussi, en avant en définissant la biotechnologie comme « l'application de la science et de la technologie à

1. Pierre Tambourin démarre sa carrière comme chercheur à l'Institut national de la santé et de la recherche médicale (Inserm). Il en deviendra le directeur en 1975. De 1998 à 2016, il devient directeur général de Genopole, à Évry, premier biocluster en Français entièrement dédié aux biothérapies, à la recherche en génétique, génomique, post-génomique, xénobiologie et au développement des industries de biotechnologie.

des organismes vivants, de même qu'à ses composants, produits et modélisations, pour modifier des matériaux vivants ou non-vivants aux fins de la production de connaissances, de biens et de services. »

Des connaissances. Voilà ce qu'il manquait. Le savoir, la base et le résultat de toute recherche. Car les biotechnologies ne sont pas qu'affaire de production de biens et de services. Toute innovation technologique nécessite, au préalable, des travaux de recherche de plusieurs années, voire « de toute une vie », pour reprendre une formule chère aux journalistes qui suivent le quotidien des chercheurs dans les laboratoires. Sans science, point de technologies ! Il convient donc, avant toute chose, de rendre à la science la place qui lui revient de droit dans toute avancée technologique, qu'il s'agisse des sciences dites « dures » (mathématiques, physique, chimie, biologie animale et végétale, etc.) ou des sciences improprement caractérisées de « molles » (éthique, sociologie, philosophie, épistémologie, anthropologie, histoire, etc.), ces dernières excellant aussi dans l'exploitation des mégadonnées (*big data*) et des algorithmes. À travers la recherche, la science nourrit les sciences et se nourrit d'elles. Cette émulation crée des synergies d'où émergent des idées, des applications et des concepts innovants qui, en retour, ensemencent la recherche et apportent des contributions utiles à tous les domaines scientifiques. Et pour que tout ce savoir aboutisse un jour à des applications, il faut aux chercheurs :

- des idées en pagaille ;
- du temps, beaucoup ;
- des interactions avec leurs pairs, nombreuses ;
- de la persévérance, énormément ;
- de l'audace, souvent ;
- de la témérité, parfois ;
- et surtout de l'argent, en quantité !

Mais nous aurons l'occasion de revenir sur ce dernier aspect.

#### Biotech, vous avez dit biotech ?

Afin d'éclaircir un élément de langage que vous retrouverez tout au long de cet ouvrage : dans le jargon des biotechnologies, on a plutôt coutume de parler de « biotechs ». Cela permet de regrouper au sein d'un seul et même terme aussi bien les domaines de recherche liés aux biotechnologies que les entreprises qui en composent le secteur d'application (santé, agroalimentaire, environnement, cosmétique, etc.), ce qui montre la forte cohésion qui prédomine entre les deux mondes.

Les biotechs se sont attribué un code couleur en fonction du domaine auquel leur production s'adresse. (On cherche d'ailleurs toujours l'inventeur de cette idée génialement simple, sans doute un enfant.) On distingue ainsi :

– **les biotechnologies rouges**, qui se rapportent à la santé, au médicament, au diagnostic et aux ingénieries tissulaire, génétique ou moléculaire à but thérapeutique.

– **les biotechnologies vertes**, qui se disputent la place de plus ancienne branche des biotechs avec les biotechs rouges et se rapportent à l'agriculture, l'élevage, l'agroalimentaire et l'agrochimie. Nos ancêtres, les Gaulois, faisaient déjà des biotechs sans le savoir.

– **les biotechnologies blanches**, qui regroupent les applications industrielles qui utilisent des processus biologiques – la fermentation majoritairement – comme alternative aux procédés chimiques pour produire des molécules d'intérêt, des ingrédients ou de l'énergie, à partir de la biomasse et qui contribuent à nourrir une nouvelle ère économique, celle de la bioéconomie.

– **les biotechnologies bleues**, ou biotechnologies marines, celles de la mer et des océans, qui recèlent tant d'inventions géniales aux applications si vastes qu'elles balayent tous les champs des biotechnologies et qui n'ont révélé à ce jour qu'une infime partie de leurs trésors d'ingéniosité.

L'esprit de cet ouvrage n'est évidemment pas de dresser un inventaire exhaustif des biotechnologies existantes en France et sur l'ensemble de la planète, encore moins de citer toutes les entreprises de biotechnologies actives dans l'Hexagone et ailleurs, mais plutôt de présenter un florilège de leurs résultats, un éventail des tendances actuelles et à venir dans un contexte que l'on qualifiera par un doux euphémisme d'un tantinet morose. C'est surtout l'occasion de questionner des chercheuses et chercheurs de renom, des entrepreneurs courageux et engagés, et des visages moins connus, mais tout aussi impliqués dans la promotion raisonnée des biotechnologies. Des femmes et des hommes tous follement amoureux des sciences, de leur science, et désireux de partager leur ambition de changer le monde – tout du moins y contribuer – avec les biotechnologies.

# I

# Quelle planète habiterons-nous demain ?

# 1.1

# Explorer, c'est comprendre

Entretien avec

Jean-Louis Étienne

Quel meilleur témoin, quel meilleur messager qu'un scientifique explorateur pour comprendre ces enjeux, défendre la noble cause de la préservation de notre Terre, unique espace vital de notre espèce, et nous engager dans cette voie que Jean-Louis Étienne, médecin de formation et premier homme à avoir atteint le pôle Nord à pied en solitaire, en 1986. Ses missions en Arctique, en Antarctique et sur l'île de Clipperton, dans l'océan Pacifique, sont une mine de renseignements pour la recherche et d'enseignements sur l'urgence du réchauffement climatique et le déclin de biodiversité dont notre humanité est responsable.

Quel regard posez-vous sur l'état actuel de la planète ?

Je dirais que les principales affections qu'on lui fait subir, et c'est le médecin qui parle, viennent effectivement du réchauffement climatique. Nous sommes ce que l'on peut appeler la « civilisation carbone », celle qui a émergé il y a un siècle et demi à peu près. Et cette civilisation carbone s'est construite sur l'énergie fossile (ce que j'appelle « l'énergie facile ») et l'intelligence humaine. Par rapport aux autres espèces, nous sommes des mutants surdoués, il ne faut pas l'oublier. De ce fait, nous avons inventé une multitude de façons d'exploiter ces énergies fossiles, non seulement d'un point de vue énergétique, mais dans bien d'autres domaines que constitue ce qu'on appelle la pétrochimie.

J'ai récemment participé à un colloque pour l'entreprise de vêtements et d'accessoires de sport Decathlon, dont la volonté des dirigeants – et je la crois sincère – est de limiter l'impact carbone de l'entreprise sur la planète. Mais allez dans un des magasins de l'enseigne, vous constaterez qu'il n'y a que très peu de coton dans les articles. La majorité des produits proposés, que ce soit des chaussures, des skis ou autres, tout est fabriqué à partir de la pétrochimie. Nous sous-estimons l'exploitation colossale que l'on fait de cette richesse de notre sous-sol, que ce soit du charbon, du pétrole ou du gaz. Il y a aujourd'hui un rejet, presque affectif, de ces ressources alors que toute notre civilisation, pour parler des médicaments par exemple, en consomme massivement.

Une grande majorité de notre existence est bâtie sur l'accès facile à ces ressources et sur leur exploitation intelligente. Intelligente dans le sens où l'on invente à partir ces ressources. Faire un médicament demande beaucoup de recherches, d'intelligence. C'est la même chose pour la chimie et l'énergie. Tout repose sur ces matières premières. Mais nous arrivons, effectivement, aujourd'hui à une saturation, pour parler du climat, de l'atmosphère en gaz carbonique ($CO_2$). C'est une évidence et cela ne date pas d'hier. C'est arrivé progressivement. Selon moi – je revêts ici ma blouse de médecin –, la Terre souffre d'une fièvre chronique. Sa température moyenne a augmenté d'un degré en un siècle, et même 1,2 degré ! Si l'on ramène cette valeur à celle du corps humain, la Terre a 38 °C ! En médecine, on appelle ça une fébricule, une petite fièvre. Mais si l'on ne soigne pas cette petite fièvre chronique, si l'on se contente d'attendre que ça aille mieux, on va au-devant de complications. Un degré en un siècle ! Le coupable, le gaz carbonique, est invisible, sournois, il agit à l'état de trace et s'installe dans le temps. Il nous rend tant de services que nous n'avons pas pris les dispositions nécessaires pour tarir sa production. À la place, nous avons fait du réchauffement climatique un sujet de conversation populaire, qui confine davantage à la croyance. Il suffit qu'il fasse froid un matin de juillet pour entendre : « Tu as vu ? On se caille ce matin, alors qu'on est le 12 juillet ! Tu y crois vraiment, toi, au changement climatique ? » Le réchauffement climatique, ça ne se perçoit pas. C'est une mesure scientifique. Les climatosceptiques, avérés ou indécis, ne perçoivent que le temps qu'il fait, l'instant. Un degré en un siècle, ça ne se perçoit pas. Alors on a laissé filer.

J'ai des souvenirs très précis d'une conférence que j'ai tenue en juillet 1990. Je venais de passer sept mois en traîneau à chiens pour traverser l'Antarctique. Avec moi, sur l'estrade, il y avait Claude Lorius, le glaciologue qui a eu cette idée, avec le paléoclimatologue Jean Jouzel, qui était alors son assistant, d'aller rechercher l'histoire du climat de la Terre dans des carottes de glace du continent blanc. La couche de glace provient des précipitations de neige très légère qu'on appelle poudreuse. Lorsqu'il vient de neiger, les flocons sont posés sur un tapis d'air. Avec le temps, cette couche se tasse et finit par se transformer en glace. Et c'est l'air emprisonné dans les différentes couches de poudreuse sous forme de petites bulles d'air microscopiques qui renseigne sur le climat de l'époque où elles se sont retrouvées coincées dans la banquise. Les carottes de glace que Lorius et Jouzel ont prélevées à 3 000 mètres de profondeur ont permis de remonter l'histoire du climat sur près d'un million d'années ! Lors de cette conférence, Claude Lorius montre sur sa courbe d'historique que la Terre a sa propre vie, qu'elle a connu des périodes glaciaires et interglaciaires. On y voit aussi les variations de la teneur en gaz carbonique et de la température moyenne de la Terre, dont on connaît aujourd'hui l'origine. On appelle cela les paramètres de Milankovi  qui expliquent notamment pourquoi la Terre ne tourne pas sur elle-même comme un ballon parfaitement sphérique. Ces paramètres (l'excentricité, l'obliquité et la précession des équinoxes) fluctuent sur des périodes de 20 000, 40 000 et même 100 000 ans, ce qui entraîne des variations climatiques. Après avoir regardé la courbe, Claude Lorius nous demande de bien observer à droite, à l'extrémité de sa courbe. Il nous fait remarquer une accélération très importante de la hausse de la température moyenne et de la concentration en gaz carbonique. La Terre se dirige d'abord vers une période de réchauffement lent, très lent, quand tout à coup, cette accélération apparaît. Et Claude Lorius, qui connaît parfaitement l'inertie du climat de la Terre, abat le couperet : « Voilà la signature de l'activité humaine ». Le processus est enclenché. Nous sommes en juillet 1990.

Notre planète entre dans cette période de « fièvre chronique » détectée depuis une trentaine d'années. Mais face à cette situation, trouver un remède s'avère compliqué. On a pensé qu'il s'imposerait à nous lors du pic pétrolier (*peak oil*), ce moment où nous nous atteint le maximum de ce que la Terre peut nous offrir en termes d'énergies fossiles et à partir duquel nous commencerions à puiser dans nos réserves. Puis nous avons un peu fermé les yeux sur cette question, en argumentant sur des difficultés d'accès, sur le fait que le pétrole serait beaucoup plus cher et qu'il allait falloir trouver autre chose. C'était le début des énergies alternatives.

Aujourd'hui, il y a un fait de guerre. Et si vous regardez l'histoire de l'humanité, les choses ont changé de manière radicale.

Nous sommes dans une période de ce genre avec la guerre en Ukraine qui bouleverse complètement notre facilité d'accès aux énergies fossiles, notamment au gaz russe, qui a le deuxième plus important gisement après celui du Qatar. Cette rupture nous oblige à devoir inventer un autre accès à l'énergie.

Nous avons de l'intelligence, nous avons les énergies renouvelables et l'énergie nucléaire, que nous avons un peu abandonnée depuis quelque temps et sur laquelle il va falloir revenir parce que nous allons passer de ce que l'on appelle les énergies de stock, celles que nous allons chercher dans le sous-sol, à des énergies de flux comme l'électricité. Il va falloir faire preuve de beaucoup d'intelligence pour accélérer cette mutation et sortir le plus rapidement possible de la civilisation carbone.

Au-delà des processus géophysiques et géobiologiques naturels, jusqu'à quel point notre responsabilité est-elle engagée dans le réchauffement climatique donc dans son possible ralentissement ?

La nature, c'est tout ce qui échappe à la volonté humaine, mais qui, en même temps, conditionne sa vie. L'espèce humaine est un des éléments vivants qui peuplent la terre. Mais c'est une espèce tellement invasive ! Nous avons pris le contrôle de tous les espaces, de toutes les espèces en un siècle et demi seulement. C'est le constat que l'on peut faire aujourd'hui, mais il faut arrêter d'incriminer les uns ou les autres. Nous avons tous pris l'avion et utilisé la voiture ; nous avons tous besoin de nous chauffer. Chacun d'entre nous, dans sa vie personnelle ou professionnelle, participe à ce dérèglement. Ce dont nous avons le plus besoin, c'est presque de l'enthousiasme et d'une renaissance. Même si le terme est politiquement très connoté en France en ce moment, c'est de cela qu'il s'agit aujourd'hui, d'une renaissance. Et il n'y a que l'intelligence humaine qui en soit capable, à la fois l'intelligence comportementale de chacun d'entre nous et l'intelligence dans la solution à trouver. Il suffit de regarder comme nous sommes démunis quand, par exemple, au pied de notre immeuble, un simple panonceau nous annonce que mardi entre huit heures et dix-huit heures, il y aura une coupure d'électricité. Tout ce que l'on se dit alors c'est « mince ! ». Nous n'avons pas le sens de ce que nous consommons. L'accès à l'énergie est tellement facile que nous ne nous en préoccupons même pas. Nous ne prenons conscience de sa valeur que lorsqu'il y a une menace de grève des transporteurs qui acheminent le pétrole depuis la raffinerie jusqu'à la station-service. Tout le monde se dit alors que nous vivons peut-être sur les réserves de la station-service et se précipite pour faire le plein d'essence, chacun ayant une bonne raison d'y aller, parce qu'il faut bien aller travailler, conduire les enfants à l'école ou tout simplement parce qu'on habite en zone rurale. Nous avons une véritable relation de dépendance vis-à-vis de l'énergie. Cela ne sert à rien d'accuser les uns ou les autres, il faut que chacun soit efficace dans sa zone d'influence.

Vous parlez d'intelligence collective. Mais n'y a-t-il pas une lacune au niveau de l'éducation de la population et peut-être même une méfiance à l'égard de la science ?

Bien sûr, mais cela est dû au fait que nous soyons dans cette forme de confort. Cette fièvre chronique, c'est simplement une négligence. Les éoliennes existent depuis quelque temps maintenant, tout comme le photovoltaïque et le stockage de l'énergie. Regardez les entreprises que nous incriminons, Total par exemple, que l'on montre systématiquement du doigt, mais qui nous fournit l'essence dont nous avons besoin. Ce n'est pas Total qui extrait le combustible puis qui s'amuse à faire de grands feux de joie pour tout griller. L'entreprise met à notre disposition des produits dont nous avons besoin pour la pétrochimie et pour la production d'énergie. Nous avons besoin de ces entreprises qui sont celles qui investissent le plus. Leurs ingénieurs savent ce qu'est un kilowatt heure, un mégawatt heure, un térawatt heure. Ces entreprises sont les principaux investisseurs sur les bornes électriques, par exemple, parce que si nous voulons passer aux voitures électriques, il va nous falloir des bornes, et il va falloir les produire.

Nous n'avons pas conscience de la quantité d'énergie que nous consommons. Lorsque l'on parle de méga, de giga ou de térawatt heure, les gens n'ont aucune idée de ce que cela représente – il est plus facile d'appréhender les gros chiffres en économie. Lors de mes conférences, je m'amuse toujours à demander aux spectateurs s'ils savent combien de mégawatts heures leur machine à café consomme le matin. Il est très rare qu'ils aient la réponse. C'est une notion que les humains n'ont pas. Ensuite, je leur demande s'ils estiment que les politiciens et les industriels en font assez pour l'environnement. Et je plaisante en disant que ce n'est pas comme s'il y avait un bouton « ON/OFF » au Palais de l'Élysée ou à la Maison-Blanche et que les présidents n'avaient pas compris qu'il fallait mettre en position OFF depuis un bon moment.

Chez moi, dans le Tarn, j'ai quatre-vingts panneaux solaires et une éolienne sur le toit de ma maison, et l'entreprise EDF, qui est soumise depuis peu à des obligations d'achat de l'électricité photovoltaïque produite par des particuliers, m'a envoyé un chèque de deux mille cinq cents euros. En tant que chef d'expédition, mon objectif est d'entraîner tout le monde dans cette dynamique. J'incite les gens à poser des panneaux solaires sur leur toit, ils deviendront ainsi des producteurs d'électricité. L'avenir étant à la mobilité électrique, ils pourront ainsi recharger facilement leur petite voiture électrique. Et puis il y a quelque chose d'amusant dans le suivi météorologique, par exemple choisir de faire sa lessive le jour le plus ensoleillé de la semaine. Il faut que chacun devienne un acteur de la solution. Cela ne sert à rien de pointer les faiblesses de l'autre si l'on n'y contribue pas soi-même.

**Pour reprendre l'exemple d'EDF, pourquoi l'entreprise ne pose-t-elle pas des panneaux solaires sur tous les toits, à la fois pour distribuer le l'électricité à tous et en produire gratuitement pour ses propres besoins?**
**Un tel modèle gagnant-gagnant, écologique et vertueux est-il possible?**

Je propose autre chose. EDF est un gestionnaire d'énergie, mais aussi un producteur, à travers de grands réseaux que sont, entre autres, les barrages hydroélectriques et les centrales nucléaires. Dans les Hautes-Alpes, près de Gap, il y a un champ de panneaux photovoltaïques, sur une colline au-dessus d'un village, que l'on aperçoit depuis le train. La personne qui m'a montré ce champ m'a expliqué la difficulté qu'a eue le maire de ce village pour les y implanter, sur une pente de garrigue incultivable. Il a eu contre lui les chasseurs et des associations écologiques[2]. Puis mon interlocuteur m'explique qu'aujourd'hui, tout le monde est content parce qu'une bonne partie de l'électricité de la commune est fournie par cette ferme photovoltaïque. Tout d'un coup, les riverains ont eu de l'électricité gratuite pour les services publics de la commune.

Voilà une solution facile à développer à l'échelle individuelle. Il faut que les gens se sentent concernés, qu'ils y trouvent un intérêt. Cela peut faire naître des vocations entrepreneuriales, comme créer une société qui louerait les toits des maisons, exactement comme les publicistes qui louent des murs pour y afficher de la publicité : je loue votre toit, je vous verse une redevance et je deviens producteur d'énergie. Les communes pourraient également faire cela pour amorcer une transition énergétique à l'échelle locale. Le renouvelable s'inscrit parfaitement dans cette vision. Une commune qui décide d'implanter des éoliennes touchera une redevance. Faisons en sorte que chaque citoyen puisse trouver un intérêt dans ces projets d'implantation. Si chaque partie prenante est impliquée dans le processus, tout ira beaucoup plus vite.

2. « Ces panneaux solaires qui rasent la forêt », 8 juillet 2022, sur reporterre.net.

**Cela implique de résoudre d'autres problèmes comme les nuisances sonores des éoliennes, leur pollution visuelle, l'encombrement des panneaux photovoltaïques, etc. Comment régler ce dilemme entre la gêne occasionnée et le fait de produire une énergie propre et renouvelable?**

Demandons-nous plutôt pourquoi nous installons des éoliennes, des panneaux solaires et des unités de méthanisation dans les campagnes. Vu que nous nous dirigeons vers une régression inévitable de l'accès aux énergies, nous devons donc nous fixer comme objectif de produire d'autres énergies. Le vent et le soleil sont gratuits. Ce qui n'est pas gratuit, en revanche, c'est leur exploitation. Mais cela devient obligatoire. Quand l'usage de l'électricité s'est développé, il a fallu l'acheminer au moyen de pylônes à haute tension, moches et imposants, répartis le long des routes. On ne peut pas tout avoir! J'habite dans un endroit complètement perdu, au milieu des bois, et à huit cents mètres de là, sur une colline toute proche, tournent six éoliennes de deux mégawatts chacune. Quand elle a décidé de mettre en œuvre ce projet, la maire de ma commune pensait que j'allais m'y opposer, mais pas du tout. La redevance qu'elle en tire permet de financer la moitié de la voirie de la commune. Finalement, cela nous contraint de plus en plus à la transition.

Il y a toutefois des empêcheurs de tourner en rond, le service des monuments historiques notamment. En voici un exemple récent. Au-dessus d'Ax-les-Thermes se trouve un hameau de deux cent cinquante habitants où un Breton a ouvert un superbe gîte rural. Il voulait installer des panneaux solaires, mais dans le village, il y a une croix classée monument historique. L'installation de panneaux photovoltaïques est en effet interdite dans un rayon de cinq cents mètres pour ne pas dégrader le paysage. Ce qui est paradoxal, c'est que le gîte est construit sur une pente et qu'il a pu poser ses panneaux en contrebas de sa maison!

La France est un vieux pays, il faut évoluer vers une acceptation automatique d'implanter ces énergies renouvelables.

De son côté, l'énergie nucléaire reste absolument indispensable. Au départ, j'avais la même retenue que tout le monde, guidé par une attitude quasi émotionnelle. J'ai travaillé sur le sujet et je suis maintenant membre de l'Académie des technologies. Il est impossible de se passer du nucléaire. C'est le pur produit de l'intelligence humaine. Et quand je dis que nous devons passer des énergies de stock aux énergies de flux, ce n'est là aussi que de l'intelligence humaine. Il y a les énergies renouvelables, certes, mais $E=MC^2$. La fusion ou la fission des atomes produit une énergie qui est proportionnelle au carré de la vitesse de la lumière[3]. C'est absolument imbattable !

Les citoyens ont une méconnaissance de l'énergie nucléaire, réputée être la plus décarbonée, mais aussi la plus efficace en matière de production d'électricité. Mais il reste le problème des déchets qu'elle génère, le fameux MOX[4], dont le traitement via sa réutilisation n'est envisagé qu'à partir des futurs réacteurs de quatrième génération. Une filière nucléaire plus propre serait-elle une alternative envisageable à l'heure où les réponses sont essentiellement axées sur les énergies renouvelables ? Va-t-on vers un « mixte énergétique » ?

C'est à nouveau la question de la pédagogie qui est soulevée. Je donne beaucoup de conférences que j'axe systématiquement sur la pédagogie et sur la culture des sciences. Alors bien sûr, quand il s'agit du nucléaire, il est de bon ton de dire que cela génère des déchets et des risques. Mais les accidents nucléaires sont plutôt rares. Il faut surtout mentionner le problème du gaz carbonique, un déchet de combustion que l'on trouve absolument partout dans notre atmosphère. Sauf que nous n'avons pas d'aspirateur à $CO_2$. Ce déchet-là, nous allons devoir vivre avec pendant un siècle au moins. Les déchets nucléaires, eux, sont localisés et maîtrisés. Nous savons qu'il faudra s'en occuper tôt ou tard. La France était en avance sur l'énergie nucléaire avec la quatrième généra-

3. 300 000 kilomètres par seconde.

4. Mélange d'oxydes.

tion de réacteurs, à neutrons rapides. Nous en avions un, le projet Astrid, dont l'arrêt a été motivé par des questions de sécurité, mais ce sont vraisemblablement des raisons politiques qui ont conduit à la suspension de son activité, alors que tous les autres pays y travaillent. Cette génération de réacteur est celle d'un digesteur de déchets dont nous ne savons pas quoi faire, et qui patientent dans des piscines de refroidissement.

Il y a de nouveau des investissements dans cette filière, mais le fossé s'est creusé de manière importante dans cette culture du nucléaire. La France a permis l'installation de ces centrales, a confié la gestion de leur entretien à des entreprises, mais cela demande beaucoup plus d'investissements en ingénierie, sur lesquels nous avons pris du retard qu'il faut maintenant rattraper. J'ai récemment assisté à une conférence à l'Académie des technologies sur ces petits réacteurs à neutrons rapides. Nous serons obligés d'en passer par cette solution, car notre approvisionnement va reposer sur cet accès à l'énergie décarbonée dont le nucléaire fait partie. Beaucoup d'ingénieurs diplômés des grandes écoles ne veulent plus faire carrière dans le nucléaire pour des raisons écologiques, mais il y a aujourd'hui urgence à produire de l'énergie décarbonée. Et c'est là qu'il va falloir remettre de l'intelligence.

J'ai donné une conférence à l'École centrale dans laquelle je traitais du recyclage en général, pas seulement nucléaire. J'y disais qu'être recycleur, ce n'est pas simplement s'occuper des déchets que nous jetons dans notre poubelle, c'est une réflexion en amont sur les matériaux qu'il nous faudra utiliser dans les procédés industriels et qui ne nous amèneront pas dans des culs-de-sac environnementaux. Il y a, là aussi, beaucoup de recherches à mener en amont pour que notre économie devienne circulaire, et que chaque produit qui y entre puisse, une fois utilisé, retrouver une place. L'économie circulaire, c'est la perspective de nouvelles « Trente glorieuses ». Et il y a tellement d'intelligence et d'investissement à y placer.

**Venons-en à la question de la prospection. Vous avez dirigé une mission de recherche sur l'atoll français de Clipperton pour en étudier la biodiversité et de nombreuses autres dans les régions polaires. Sans oublier la biologie marine et les ressources qu'elle dévoile un peu plus chaque jour. Faut-il accélérer les recherches sur les environnements hostiles ou inconnus avec le risque d'être invasifs ?**

Il y a d'une part, en amont, la recherche fondamentale à mener pour connaître toutes ces ressources. La difficulté c'est qu'il n'y a que les États qui peuvent la financer, sinon des groupes industriels investiront massivement dans l'objectif effectif de pouvoir utiliser ces ressources. La question est donc d'abord la qualité du procédé industriel d'exploitation de ces richesses, afin d'en limiter l'impact. Ensuite, cela lève une autre question. Ces ressources présentes au cœur de l'océan, par exemple, appartiennent à tout le monde. Comment en faire profiter tout le monde en plus de ceux qui les exploiteront ? Là encore, il faut revenir au processus d'économie circulaire. Prenons l'exemple de BASF, la multinationale allemande de la chimie. Elle a déjà déposé des brevets sur des micro-organismes marins dont certains synthétisent naturellement en quantité des acides gras oméga 3. Les chercheurs de la firme ont inséré le gène responsable de la production d'oméga 3 dans du colza afin d'obtenir des huiles plus riches en acides gras insaturés, plus qualitatives pour la santé. Il y a donc un investisseur très riche qui ne perd pas de vue son besoin de générer des profits pour réaliser de nouveaux investissements. C'est là quelque chose de vertueux.

La question, pour laquelle nous n'avons pas encore trouvé de réponse, est celle de la façon de gérer l'exploitation économique de ces ressources naturelles inédites à l'échelle planétaire. Il y a de nombreuses réunions un peu partout dans le monde sur le sujet, dont une, récemment, au siège de l'Organisation des Nations unies, à New York, à propos de la surpêche. Comment gérer cette partie du monde qu'est l'océan, patrimoine commun accessible à tous ? C'est la même chose pour d'autres milieux, les forêts par exemple. Comment faire en sorte que nous puissions tous bénéficier de cette ressource ? C'est encore affaire d'intelligence, mais aussi de diplomatie.

La base de cette intelligence et des solutions qu'elle amènera, c'est la recherche fondamentale publique. Une partie plus importante des profits générés par l'industrie à travers l'utilisation de ces travaux ne pourrait-elle pas profiter à la recherche qui peine de plus en plus à se financer ?

C'est tout à fait juste. Les entreprises possèdent des potentiels d'investissement que n'ont pas les États qui financent la recherche fondamentale. Le cercle vertueux dont je parlais doit effectivement inclure les entreprises qui ont les moyens d'investir et les capacités intellectuelles. Et elles ont cette capacité de financer non seulement la recherche fondamentale, mais aussi la recherche appliquée, à travers leurs ingénieurs. Et c'est cette recherche qu'il faudrait pouvoir faire entrer, au moins en partie, dans cette vertueuse économie circulaire, de manière à ce qu'elle puisse continuer à faire vivre la recherche fondamentale.

Une partie de cette recherche appliquée se traduit aujourd'hui par l'essor des biotechnologies industrielles. Quelles seront les grandes avancées biotechnologiques de la prochaine décade ?

En premier lieu, celles liées aux océans. Ils sont d'une richesse dont nous ignorons encore l'importance. Une goutte d'eau de mer recèle plusieurs millions de micro-organismes. Les océans sont une ressource extrêmement importante qu'il faudra impérativement explorer.

Ensuite, je pense que l'exploitation pétrolière ou gazière n'est pas sur le point de s'arrêter, parce que nous avons besoin d'énergie. Mais c'est cette partie qu'il faut contraindre le plus rapidement possible pour faire émerger les énergies renouvelables. Le pétrole, c'est une ressource naturelle. Nous l'incriminons parce que nous l'utilisons principalement pour la production d'énergie qu'elle permet. Mais il y a une ressource en biochimie dans ce secteur. N'oublions pas que le pétrole, le gaz et de charbon sont de la matière organique naturelle qui a suivi deux cent cinquante millions d'années de transformations dans le sous-sol, en lien avec la tectonique des plaques. C'est de la matière organique qui a sédimenté avant d'être ensevelie par les mouvements géophysiques, puis qui s'est transformée en gaz, en pétrole et en charbon sous la pression et la température du manteau de la Terre. Cette ressource naturelle dont il faut limiter l'exploitation restera, pendant un moment encore, une ressource pour la biochimie.

On parle beaucoup de sobriété en ce moment. Elle convoque elle aussi l'intelligence. Comment changer nos comportements ? Il ne faut pas céder au fait que se retrouver face aux contraintes qui sont aujourd'hui les nôtres en matière d'environnement rend forcément malheureux. Au contraire, il faut transformer cette contrainte avec plus d'intelligence et d'optimisme. Lors de mes expéditions, je me suis parfois retrouvé à devoir faire face à l'imprévu. Que dois-je faire ? Je ne vais tout de même pas renoncer et rentrer chez moi.

Quel message avez-vous à faire passer aux jeunes générations pour entretenir ce cercle vertueux que vous avez décrit comme à la fois respectueux du vivant et capable de permettre le développement de technologies au service de l'humanité ?

Je leur dis de se méfier de ce que l'on dit être vertueux. Je vois des chercheurs qui prétendent avoir une éthique et qui ne veulent pas travailler pour l'industrie pétrochimique. Ce sont les mêmes qui, au moins une fois dans leur vie, sont passés à la station-service pour remplir le réservoir d'essence de leur voiture ! Nous avons besoin d'intelligence, d'une intelligence au service de la recherche et de la pédagogie. Ceux qui ont la connaissance ne doivent pas sans cesse jouer sur l'émotion ou l'exclusion. Nous sommes tous un petit maillon de cette évolution environnementale et ceux qui incriminent le comportement de certains sont bien contents, lorsqu'ils ont un problème, qu'une ambulance à moteur thermique vienne les prendre en charge. Nous avons besoin de la fraîcheur des jeunes citoyens, de leur intelligence, de leur enthousiasme et de leur ouverture d'esprit parce qu'une révolution nous attend. Ce futur ne pourra se construire qu'à travers une alliance intergénérationnelle.

J'ai visité le laboratoire d'une équipe de chercheurs qui travaillent sur des batteries au sodium. Le sodium, on en regorge, l'océan en est plein. Les batteries au sodium qui sont expérimentées aujourd'hui sont loin d'avoir les performances des batteries lithium-ion. La recherche nous amènera progressivement, mais certainement à faire du sodium une ressource pour produire des batteries de stockage. Mais tout cela requiert de l'investissement, de la recherche, de l'enthousiasme. Alors, soyez malins ! Soyez enthousiastes ! Soyez les explorateurs engagés de votre temps pour être les acteurs du monde de demain !

# 1.2

# Il faut soutenir la soutenabilité

Entretien avec
José Halloy

Professeur de physique et de sciences de la soutenabilité à l'université Paris-Cité, José Halloy a d'abord étudié la thermodynamique, la physique statistique et le non-équilibre en Belgique, à l'université de Bruxelles, dans le laboratoire d'Ilya Prigogine. Prix Nobel de chimie en 1977, il déclare que « le vivant est une structure dissipative, donc une structure chimique de non-équilibre ». En 2010, il s'oriente vers un nouveau secteur, celui de la transition énergétique, et intègre alors le Laboratoire interdisciplinaire des énergies de demain, à l'université Paris-Cité.

Comment faire en sorte de préserver le seul habitat de l'humanité ? La réponse pourrait émaner d'un autre domaine que la biologie et les biotechnologies. José Halloy, chercheur au profil atypique qui enseigne à la fois la physique et la soutenabilité, tente de nous éclairer par une approche systémique et interdisciplinaire.

Qu'appelle-t-on soutenabilité ?

La soutenabilité est un nouveau domaine de recherche apparu au début des années 2000, dont l'Académie américaine des sciences a validé l'existence sous le terme de « *sustainability science* ». Cette nouvelle science constitue un domaine interdisciplinaire qui consiste à étudier la durabilité des sociétés humaines en regard des dégâts qu'elles causent et des solutions qu'elles trouvent pour y remédier ou les éviter. Elle s'intéresse particulièrement aux sociétés occidentales puisque c'est le modèle occidental qui crée le plus de problèmes écologiques. Qui plus est, la recherche mondiale est essentiellement effectuée par les pays occidentaux.

La notion de soutenabilité n'est pas encore présente en France, ni même en Europe. Je ne pense pas que l'Académie des sciences dispose d'une section sur le thème des sciences de la soutenabilité. En revanche, il existe toute une série de journaux scientifiques dédiés à la thématique. Chaque grand groupe d'édition de journaux scientifiques publie un journal dont le titre comporte le mot *sustainability*. Les questions écologiques et les problèmes de soutenabilité qui y sont évoqués ne sont pas leur apanage. De nombreux journaux scientifiques et grand public en parlent depuis un certain temps.

L'idée de la soutenabilité est plutôt d'avoir une approche systémique et interdisciplinaire, de regarder le système dans son ensemble, dans la lignée des scientifiques qui ont commencé à parler de « système Terre » au début des années 1980. Les pionniers de cette démarche sont les scientifiques de la NASA avec un programme intitulé « Étude du fonctionnement du système Terre ». Cela consiste à analyser le fonctionnement de la planète, et le vivant en particulier, à en tirer des conclusions par rapport aux événements et à mettre en place des actions. J'enseigne cela dans plusieurs masters : des masters axés sur la transition énergétique et l'écologie ; des masters destinés à des physiciens ou, plus largement, à des scientifiques ; et des masters interdisciplinaires destinés à des étudiants en sciences sociales.

Du côté de la recherche, ce qui m'intéresse, c'est la soutenabilité des technologies. Toutes les technos m'intéressent, mais on ne peut pas tout faire, il y en a tellement ! Dans un premier temps, je me suis donc focalisé sur les technologies numériques. Je les analyse à l'échelle planétaire et sur un temps très long, c'est-à-dire au-delà du XXIe siècle, en prenant comme point de référence le fonctionnement du vivant sur Terre. Le vivant issu de la photosynthèse existe depuis quelque trois milliards et demi d'années et il se porte très bien depuis. On peut donc dire qu'il est soutenable. La question est de comprendre pourquoi, avec nos techniques et notre génie, nous ne créons que des technologies qui ne dépasseront peut-être pas le XXIe siècle.

L'autre thématique qui m'intéresse, et que je partage avec mon collègue Petros Chatzimpiros, du Laboratoire interdisciplinaire des énergies de demain de l'université Paris Cité, est le fonctionnement de l'agriculture mondiale actuelle. C'est une préoccupation majeure, car le modèle agricole occidental n'est plus soutenable. J'ai proposé deux types de technologies que j'appelle « zombies », en référence à ceux de la mythologie science-fictionnelle, c'est-à-dire des technologies qui sont mortes, au-delà du XXIe siècle, selon les critères de soutenabilité que j'ai énoncés et parce qu'elles sont utilisées à l'échelle planétaire, et qui-n'auront de cesse d'envahir le monde au détriment des humains et du vivant. Pour résumer, tout ce que nous produisons comme technologies modernes depuis la révolution industrielle, dans tous les domaines (industrie numérique, chimique, transport, etc.), n'est pas soutenable. Mais si ces technologies avaient les propriétés du vivant, elles seraient hautement durables.

#### Comment explique-t-on cette durabilité ?

Quand on compare la chimie et le fonctionnement du vivant, cela n'a absolument rien à voir avec les technologies artificielles que nous créons. Ces dernières s'appuient essentiellement sur une chimie minérale fossile : à partir de minéraux métalliques ou de métalloïdes, et à partir de combustibles fossiles, paradoxalement issus du vivant, d'organismes photosynthétiques stockés dans le sol par l'action de la géophysique de la planète. La chimie du vivant, elle, est une chimie organique, basée sur la chimie du carbone, de l'hydrogène, de l'oxygène et de l'azote, auxquels on ajoute le phosphore et le soufre pour fabriquer les briques du vivant que sont les acides aminés, les lipides et les sucres. Et la principale source d'énergie utilisée par le vivant, c'est le soleil, et un peu de géothermie. Les combustibles fossiles ont un avantage très significatif par rapport au flux reçu du soleil : ils sont très denses en énergie.

Un tel combustible renferme trente à cinquante mégajoules par kilogramme de matière, ce qui permet de libérer des puissances colossales, de l'ordre du mégawatt ou du gigawatt, pour produire de l'électricité, faire fonctionner des hauts fourneaux et produire des métaux. Le vivant, lui, ne fonctionne pas avec ce niveau de puissance. Nous, humains, par exemple, fonctionnons à une puissance de l'ordre d'une centaine de watts. Le vivant fonctionne en fait à basse puissance ! Et il ne peut fonctionner qu'à basse puissance puisqu'il dépend du flux solaire, dont la puissance est faible par unité de surface, de l'ordre de trois cent quarante-deux watts par mètre carré en moyenne au niveau de la surface terrestre. En France, le niveau d'énergie solaire disponible en moyenne, c'est-à-dire en fonction de l'alternance jour-nuit, de la météorologie et d'autres facteurs encore, atteint à peine cent cinquante watts par mètre carré. Pourtant, cela fait fonctionner tout le vivant depuis plus de deux milliards d'années ! Cette « chimie à basse puissance » du vivant fonctionne grâce à une particularité : celle d'être catalysée par le monde enzymatique. C'est ce qui fait qu'elle demeure en basse puissance et il ne peut pas en être autrement. Le vivant non humain n'a jamais développé de haute puissance à partir d'énergie nucléaire ou de combustibles fossiles. C'est la géophysique qui a permis de le faire en contraignant très fortement les capacités du vivant. Dès la révolution industrielle, nous avons inventé des technologies, en utilisant d'abord le charbon, puis le pétrole et le gaz pour nous libérer de la photosynthèse.

Au XVIIIe siècle, la France dépendait essentiellement de la photosynthèse, tout ou presque était alors biosourcé. Nous nous habillions avec des plantes ou des peaux et utilisions principalement des matériaux biologiques, à l'exception de quelques minéraux réservés aux constructions. Lié à la pousse des forêts, donc à la photosynthèse, le métal était relativement précieux et limité en quantité. Les ateliers de métallurgie étaient en effet peu répandus, car ils dépendaient de la taille des forêts nécessaires à la production de charbon de bois pour faire fonctionner les forges. Le combustible fossile nous a libérés de la contrainte de la photosynthèse, et offert le monde « merveilleux » dans lequel nous vivons depuis deux siècles, avec pour conséquences toutes les crises écologiques que nous connaissons aujourd'hui ! C'est comme si nous disposions d'une immense forêt enterrée il y a plusieurs millions d'années, dans laquelle nous pouvons puiser à volonté sans attendre qu'elle pousse puisqu'elle est déjà disponible.

Les technologies que nous avons produites, parce qu'elles fonctionnent grâce au combustible fossile, dérèglent le fonctionnement des cycles biogéochimiques de l'azote, du carbone, du phosphore, du soufre et de l'eau. La rétroaction du système Terre se traduit par la réduction de l'habitabilité pour les humains, conséquence du réchauffement climatique, de la perte de biodiversité ou encore de la perturbation des cycles de l'azote et du phosphore, cette dernière rendant l'agriculture de plus en plus difficile à soutenir parce qu'elle en diminue les rendements.

#### Peut-on dire que l'ère préindustrielle était celle des *low-tech* ?

J'évite d'utiliser le terme *low-tech*, qui dit tout et rien. Le numérique tel qu'il est conçu n'est pas soutenable et ne peut pas être *low-tech*. Un ordinateur quantique *low-tech* ce serait absurde ! Ce qui compte, c'est de distinguer ce qui est soutenable de ce qui ne l'est pas. L'agriculture, par exemple, même si elle s'appuie sur le vivant, n'est actuellement pas soutenable.

Jusqu'au XVIIIe siècle, on parle de société « organique », au sens anglais du terme, c'est-à-dire une société « biologique », qui produit et consomme « bio », pourrait-on dire. Nous dépendions alors essentiellement des plantes et des animaux jusqu'à ce qu'une transition massive vers le non biologique s'opère. Les édifices en pan de bois étaient l'une des composantes majeures du paysage urbain et rural au Moyen Âge. Ce type de construction s'est imposé notamment dans l'habitat parisien jusqu'au XVIIIe siècle, la pierre étant réservée aux édifices publics, religieux et à quelques maisons bourgeoises. De nos jours, Paris, c'est du béton, de l'acier et du verre. Des matériaux très énergivores puisqu'il faut atteindre une température de plus de 1 000 °C pour les fabriquer.

Cette formidable transition a donné à l'humanité l'illusion de pouvoir échapper aux contraintes du vivant. Il ne faut cependant pas avoir une vision trop idéalisée de la nature. La subsistance de l'humanité est une lutte. L'agriculture, par exemple, n'est pas une chose simple puisqu'il y avait encore régulièrement des famines.

La révolution industrielle est aussi une conséquence de l'invention des sciences modernes en Occident à partir de la Renaissance, invention qui produira la médecine moderne, laquelle permettra à l'humanité d'échapper à la maladie et, par conséquent, à la mort. L'espérance de vie n'a fait qu'augmenter depuis. Cette révolution a aussi conféré une puissance économique, mais également militaire. Nous sommes devenus capables de fabriquer des armes et des machines grâce à cette supériorité énergétique et technique, pour soumettre le reste du monde.

La maîtrise de l'énergie seule ne suffira pas pour assurer la survie de notre espèce ?

Nous sommes des primates, mais lorsque nous nous comparons aux primates les plus proches de nous – les gorilles, les chimpanzés et les orangs-outans –, nous leurs sommes largement supérieurs techniquement. Nous possédons un avantage adaptatif qui se traduit par des capacités cognitives bien supérieures. Même si les chimpanzés sont capables de technique, d'utiliser des outils, cela reste ridiculement simple par rapport à ce qu'*Homo habilis* pouvait faire il y a environ deux millions d'années. Mais cet avantage compétitif est à la fois une bénédiction et une malédiction. Une bénédiction parce qu'il nous a permis d'atteindre une population de près de huit milliards d'individus aujourd'hui sur Terre et d'envahir à peu près tous les écosystèmes disponibles. Nous sommes bel et bien devenus une espèce invasive. La malédiction, c'est que cela se fait à notre détriment. Les sociétés occidentales ont créé une niche écologique (dans le sens d'écosystème) qui devient contre-productive pour la durabilité de l'humanité. Nous sommes véritablement en train de préparer notre suicide collectif dans la mesure où nous réduisons continuellement l'habitabilité des écosystèmes pour nos besoins au détriment des organismes qui y vivent.

Il ne faudrait pas craindre une extinction du vivant, malgré le nombre d'extinctions d'espèces et les grands changements climatiques qui ont eu lieu par le passé. L'essentiel du vivant sur Terre est constitué du socle microbien. Les animaux complexes, apparus bien plus tardivement, sont une exception, et nous, humains, sommes l'exception à l'exception. Indéniablement, le socle microbien saura sans doute s'adapter aux transformations de l'environnement, à la suite de quoi on assistera peut-être à un rééquilibrage. Nous sommes une espèce en voie d'extinction si nous maintenons la niche que nous avons créée lors de la révolution industrielle. Mais dans tous les cas, les humains qui auront survécu à une catastrophe naturelle ou à un épuisement des ressources ne pourront plus utiliser ces technologies.

On peut ne pas tenir compte de l'écologie, considérer qu'il n'y aurait aucun problème écologique, mais les réserves de combustibles fossiles ne sont pas infinies, elles constituent uniquement un stock. Le vivant, lui, ne fonctionne pas selon un stock. Il y a bien un stock de matière sur Terre, mais l'apparition de la vie est liée à celle d'une chimie traversée par un flux d'énergie, solaire principalement et, dans une moindre mesure, géothermique, assuré encore par deux ou trois milliards d'années d'ensoleillement au moins. Grâce à ce flux d'énergie, la planète a inventé une véritable chimie du recyclage que l'on appelle des cycles biogéochimiques. L'énergie traverse le vivant et le vivant fait circuler la matière. C'est pour cela que malgré un stock fini de carbone, le vivant existe toujours. Il a réussi à mettre en circulation les molécules dont il a besoin.

Actuellement, nous ne sommes pas du tout dans ce schéma-là. Les énergies fossiles nous donnent la possibilité d'utiliser des matériaux minéraux qui ne sont pas recyclés ou difficilement recyclables. Pour le moment, les taux de recyclage restent globalement extrêmement faibles. Et même si l'on crée une économie circulaire capable de recycler ce type de matériaux – tout ce qui est issu de la métallurgie, le ciment, le béton, le verre, etc., et qui correspond à une masse considérable –, nous retrouverons les mêmes types de matériaux qui nécessitent une puissance élevée pour être fabriqués. Alors, comment générer un tel niveau de puissance si nous n'avons plus de combustible fossile ? Il nous reste éventuellement la fission et, si cela fonctionne un jour, la fusion nucléaire. Cela signifie que même si je ne me soucie pas de l'écologie, cette société ne pourra pas perdurer sans puiser l'énergie concentrée dans les stocks de combustibles fossiles ou dans la fission nucléaire. Et comme tout n'est pas nécessairement « électrifiable », la fission nucléaire qui produit uniquement de l'électricité ne suffirait pas.

### Et si la réponse se trouvait ailleurs ?

Nous n'avons pas encore saisi la nouvelle philosophie de la nature qui se dégage depuis la fin des années 1960 et qui a vu émerger une nouvelle compréhension du vivant. Nous réfléchissons en termes de système Terre depuis les années 1980. Nous découvrons les exoplanètes depuis 1993 – nous en avons détecté plus de cinq mille depuis – et une partie de la communauté de l'astrophysique s'intéresse aujourd'hui à la définition de « planète habitable » du point de vue biophysique.

Puis, le domaine de l'astrophysique et de la planétologie et celui dédié à l'origine de la vie – un sujet considéré encore récemment comme marginal – se sont finalement rencontrés. Parce qu'il existe évidemment une intersection entre habitabilité et origine de la vie qui a fait émerger le concept – probablement minoritaire chez les biologistes et plus vivace chez les physiciens – que la Terre est un être vivant, dans la ligne de l'hypothèse Gaïa de James Lovelock. On ne peut pas dire que la planète est un organisme, le terme faisant référence à quelque chose de très précis en biologie soumis à une évolution darwinienne, mais on peut dire qu'elle est vivante.

Pour classifier les planètes dans la catégorie « habitable » ou « non habitable », les astrophysiciens s'appuient sur une série de critères qui doivent être discutés d'après ce que nous savons du fonctionnement du vivant. Pour le moment, le seul vivant que nous connaissons est celui qui existe sur notre planète, une chimie du carbone basée sur un solvant, l'eau, à une température située entre zéro et cent degrés Celsius – à la pression d'une atmosphère. En dessous, c'est de la glace, et il ne se passe pas grand-chose ; au-dessus, cette chimie ne fonctionne plus. Le Graal de l'astrophysique serait de détecter des traces de ce que nous pourrions penser être une planète susceptible d'abriter la vie. D'où l'excitation au sein de la communauté scientifique lorsque le télescope James Webb a détecté du $CO_2$ dans l'atmosphère de l'exoplanète gazeuse WASP-39b, validant les capacités du télescope à découvrir potentiellement des conditions propices à la vie telle que nous la connaissons sur Terre.

C'était d'ailleurs le fondement de l'hypothèse Gaïa proposée par le scientifique britannique indépendant James Lovelock, qui nous a quittés récemment, en réponse à un programme de la NASA qui cherchait un moyen de détecter la vie en regardant la composition de l'atmosphère des planètes découvertes. La composition de l'atmosphère terrestre est totalement atypique puisqu'elle a permis au vivant d'exister à partir de la photosynthèse. Dès qu'une planète affichera par exemple une atmosphère composée d'oxygène, de $CO_2$, d'une faible concentration en méthane et de vapeur d'eau, elle pourra être considérée comme potentiellement habitable.

### Quelles sont les conditions *sine qua none* de notre existence ?

C'est un débat scientifique et technique. Peut-on imaginer une chimie autre que celle du carbone, à une autre pression et à une autre température ? À ma connaissance, non. Mais il y a des chimistes qui s'intéressent à l'origine de la vie et qui réfléchissent à la possibilité d'une autre chimie.

Personnellement, je suis sceptique à l'idée d'une autre chimie. Mais en science, le doute est de rigueur. Avant l'introduction du principe de la relativité générale et la notion d'espace-temps, ces théories auraient dépassé l'entendement humain. Personne n'aurait pu croire à de telles choses, pas même Isaac Newton. Et si l'on avait expliqué le principe de la relativité générale aux physiciens du XIXe siècle, la plupart d'entre eux n'y auraient pas cru.

En réalité, qu'il existe ou non une possibilité de vie basée sur une chimie « exotique » n'ayant pas encore été découverte n'a pas grande importance. La préoccupation première de la soutenabilité, c'est notre chimie. C'est elle qu'il faut faire perdurer pour préserver l'habitabilité de la planète Terre. Mon but n'est pas de sauver l'ours blanc, c'est de sauver l'humanité.

Qu'est-ce qui amène un physicien à s'engager comme vous le faites sur ces thématiques traditionnellement portées sur la biologie ?

Je suis un physicien atypique. Depuis le début de ma carrière universitaire, j'aborde mes recherches selon une approche interdisciplinaire. Alors que j'étais encore étudiant, je m'intéressais déjà à l'origine de la vie. Quand j'ai voulu faire des recherches sur le sujet, mes professeurs me l'ont déconseillé, en précisant que ce n'était pas un sujet scientifique pour un débutant. J'ai donc choisi la biophysique, discipline située à l'interface entre la physique et la biologie. J'ai toujours été sensible à la biochimie, qui inclut une forme de bioénergétique[5] du vivant. Et en 2010, j'ai rejoint un laboratoire qui travaille sur la transition énergétique, pour regarder le problème par le prisme de mes connaissances de biophysicien.

La soutenabilité interroge le fonctionnement du vivant. Nous pourrions vivre au fond des océans, près des sources hydrothermales, mais nous sommes à la surface et nous dépendons de la géothermie et principalement du flux solaire. Nous devons donc nous engager non pas vers une transition énergétique, mais vers une transition de puissance. L'utilisation de puissances importantes doit devenir minoritaire, réservée à des processus pour lesquels nous n'avons pas d'autres solutions. Tout le reste doit s'appuyer sur une chimie à basse puissance, à l'image de celle du vivant, de l'ordre de la centaine de watts. Cela implique de changer la nature des matériaux que nous utilisons. Rappelons que nous vivons dans un monde de métaux, de polymères de synthèse, de ciment et de verre, et c'est cet environnement que nous devons changer.

5. Ce n'est pas une pseudoscience, mais une branche de la biochimie qui étudie les flux d'énergie dans les systèmes vivants.

**Avec quels impacts sur la vie des habitants de la Terre ?**

Je distingue la soutenabilité faible et forte. La soutenabilité forte ce sont des technologies qui se prolongeront au-delà du XXIe siècle, idéalement sur plusieurs siècles. De telles technologies n'existent pas encore. Les seules qui pourraient perdurer sont celles que l'humanité a utilisées avant le XIXe siècle, c'est-à-dire l'agriculture biologique. On revient à une conception du vivant vierge d'intrants de synthèse, plus compatible avec les cycles biogéochimiques. Tout le reste est à inventer. Prenons comme exemple l'électronique, qui s'appuie sur la chimie du silicium. Au lieu de produire des semi-conducteurs cristallins à base de silicium, de germanium et de gallium, nous pourrions créer des semi-conducteurs à partir de molécules organiques de synthèse comme le pentacène. Évidemment, les puissances de calcul – et la puissance tout court – ne sont pas au niveau des processeurs actuels. Mais les procédés de synthèse et de recyclage en chimie organique sont potentiellement de plus basse puissance que ceux utilisant les métaux cités précédemment. Cette différence de puissance remettrait en question l'architecture même de l'électronique actuelle. L'objectif est de réinventer toute une série de technologies et de sortir du modèle issu de la révolution industrielle tout en conservant les connaissances qu'elle a permis d'acquérir, mais malgré l'urgence climatique, nous avons besoin de temps pour l'atteindre. Cela ne signifie pas devenir amnésiques, nous en savons beaucoup plus sur le fonctionnement de notre monde qu'au XVIIIe siècle.

**Quel rôle les biotechnologies peuvent-elles jouer face à l'urgence climatique et technologique ?**

Je n'en suis pas spécialiste, mais c'est quelque chose d'intéressant. Dans l'histoire de l'humanité, les biotechnologies existent depuis le néolithique avec l'agriculture, qui n'est rien d'autre que de la biotechnologie, et dès l'Antiquité, avec les procédés de fermentation. Et c'était durable jusqu'au XVIIIe siècle. Aujourd'hui, elles posent problème parce qu'elles ont été couplées à des techniques issues de l'ingénierie. Dans le Bordelais, on ne fait plus le vin dans une cuve en bois, mais dans des cuves en inox, tout est informatisé et la qualité du vin est reproductible d'année en année. La fermentation est un procédé vivant que nous maîtrisons du point de vue génétique et biochimique. Mais l'infrastructure technologique qui la sous-tend n'est pas durable. Les biotechs sont quelque chose de dual, à la fois prometteur en termes de soutenabilité, mais dont une partie des techniques, agricoles notamment, a été zombifiée.

C'est véritablement une transition socio-économique qu'il faut initier. Les premiers ordinateurs occupaient un bâtiment et coûtaient une fortune. Aujourd'hui, nous avons tous un ordinateur dans la poche, accessible à tous. Les premiers panneaux photovoltaïques étaient destinés aux secteurs spatial et militaire, maintenant, tout le monde peut avoir un panneau solaire sur son toit, et les coûts ne cessent de diminuer. Ce progrès socio-économique fort est lié au progrès technique. Nous réinventerons l'agriculture durable. Au début, la productivité ne sera sans doute pas aussi satisfaisante que celle de l'agriculture classique, mais grâce à nos connaissances plus fines en biologie nous obtiendrons de meilleurs rendements. Il faut réinventer des procédés que l'on connaît depuis longtemps et les améliorer dans le sens de la transition écologique.

A priori, les solutions que nous pourrions trouver ne seront pas opérationnelles pour notre génération ni celle qui vient, mais pour la suivante. Cela paraît lointain, non ?

Nous avons simplement oublié le long terme. L'avantage des combustibles fossiles et des technologies modernes, c'est qu'ils permettent une forme d'accélération. On accélère les communications, maintenant elles sont instantanées, on accélère les vitesses de déplacement, résultat, il y a une réduction du temps politique. Nous sommes obsédés par la vitesse. L'agriculteur du XVIIIe siècle – encore lui ! – ne pouvait pas être obsédé par la vitesse puisqu'il devait combiner avec la lenteur du vivant, celle de pousse des arbres par exemple. Nous devons réapprendre à comprendre les échelles de temps long. C'est pour cela que j'aime bien le vivant, parce que son échelle de temps va des vies éphémères jusqu'à des milliards d'années. Les climatologues peuvent nous montrer l'évolution du climat sur soixante-six millions d'années pour comprendre que ce qui se passe aujourd'hui est très différent de ce qui s'est passé. Et ils peuvent projeter leurs courbes sur plusieurs siècles ! La compréhension du vivant couplée à celle du climat permet de réintroduire le temps long dans les discussions, et les hommes et femmes politiques sont maintenant obligés de prendre en compte ce temps long.

Alors pourquoi ne le font-ils pas ?

Parce que nous sommes prisonniers du présent par les dépendances temporelles (« dépendance au sentier[6] »). On ne peut pas supprimer la voiture même si nous savons que ce n'est pas quelque chose de durable, parce que l'aménagement du territoire s'est fait en fonction de la voiture. Cela créerait des millions de chômeurs d'un coup, parce qu'un grand nombre d'entre nous ne pourraient plus aller travailler ni avoir de vie sociale. La France s'est organisée autour de la voiture, mais il va nous falloir en sortir progressivement. La voiture électrique serait une manière d'en sortir lentement. Quand il n'y aura plus de pétrole, nous sortirons brutalement de la voiture à moteur thermique, comme nous l'avons fait avec le gaz dès le début du conflit ukrainien. Face à cette « dépendance au sentier », le changement de trajectoire est long à mettre en place, mais indispensable. Les freins à la transi-

6. Concept de science politique selon lequel les décisions prises par les décideurs publics à un moment sont influencées par un ensemble des décisions passées.

tion écologique n'émanent pas uniquement des capitalistes et des lobbyistes malveillants. D'un point de vue socio-économique et technique, c'est extrêmement lent de sortir de ce système.

Ce qu'il faudrait ne pas faire, c'est de tarder à inventer la suite. Le défi de la soutenabilité dite faible est vraiment de ralentir, dépolluer et gagner du temps pour inventer la suite, une soutenabilité forte.

Les biotechnologies ont une puissance que n'ont pas les autres technologies, c'est le biomimétisme, copier le vivant. Est-ce une porte de sortie ?

Je ne parle plus de biomimétique, je parle de technologie vivante. J'ai fait de la robotique et de l'IA biomimétiques. Plus exactement, je faisais de la robotique avec des interactions animaux-robots. D'un côté, je fabriquais un robot et je le programmais, et de l'autre j'avais un cafard, un poisson, un poussin. Je pouvais établir ainsi une comparaison entre cognitions artificielle et naturelle, et mettre en parallèle deux chimies complètement différentes. Mais je passais plus de temps à biberonner les robots et à les faire fonctionner alors que le vivant se débrouille tout seul si on lui donne les conditions pour le faire.

Je ne fais plus de biomimétisme « classique » parce que je pense qu'il ne faut plus se contenter d'être inspiré par le vivant. Il faut faire du vivant. C'est la même chimie, ce sont les mêmes procédés bioénergétiques qu'il faut copier au sens de reproduire le vivant. L'exemple classique, ce sont les peintures iridescentes bio-inspirées par les ailes de papillon. Mais l'aile de papillon est durable et soutenable. Le papillon se reproduit tout seul, mais pas la peinture iridescente souvent issue de la pétrochimie. On a copié une fonctionnalité du vivant avec des matériaux incompatibles avec le vivant. C'est du mauvais biomimétisme dont il faut sortir. Le biomimétisme moderne, ou revisité, devrait prendre en compte des procédés et une chimie compatible avec le vivant et les cycles biogéochimiques.

La technologie vivante est un terme déjà employé avec différents sens, mais peu importe, quand je parle de technologie du vivant ou de technologie vivante, je fais vraiment référence à la physique et à la biochimie du vivant.

Y a-t-il des projets, des recherches en cours sur ces « technologies vivantes » ?

Des laboratoires font de la biotech vivante. Les biotechs c'est du vivant ! La fermentation, l'agriculture, l'élevage ou l'horticulture, tout ça, c'est du vivant. Il existe des procédés de synthèse à partir du vivant qui posent des questions beaucoup plus compliquées que ceux de l'acier et du plastique. Et les problèmes éthiques sont évidemment différents de ceux des industries pétrochimiques.

Les problèmes éthiques du charbon, de l'acier et du plastique, c'est le vivant, c'est-à-dire nous, humains, qui en produisons et les conséquences sur les écosystèmes. Du côté des biotechs, les problèmes éthiques regroupent une somme de questions : jusqu'à quel point peut-on faire travailler un animal ? Est-ce de la torture ? Peut-on le manger ? Jusqu'à quel point peut-on modifier génétiquement des organismes ?

À quel moment cette notion de faire du vivant plutôt que de l'imiter va-t-elle éclore ?

Plus lentement qu'on le souhaite, mais plus vite qu'on ne le pense. Des groupes industriels-essaient déjà de répondre à ces questions. Nous sommes dans la transition vers une prise de conscience de notre vulnérabilité à trouver les bonnes issues à la crise climatique. Les groupes industriels en ont pris conscience, mais ils ne savent simplement pas comment agir et ce qu'ils sont en droit de faire. Il n'y a pas de solution magique ! Personne n'a la recette de la soutenabilité forte. Peut-être peut-on simplement proposer un chemin. Commençons par faire de la soutenabilité faible, avec la voiture électrique et des smartphones moins énergivores et réparables. Prenons ce temps pour inventer la suite, une soutenabilité forte qui s'appuie sur une chimie différente et à basse puissance. J'aimerais en convaincre les scientifiques.

Le problème, c'est le manque d'interdisciplinarité. Tout ce que j'ai raconté jusqu'ici est scientifiquement déjà connu depuis les années 1970. Et il va falloir un certain temps pour que cela diffuse dans la communauté scientifique et technique en dehors des sciences du vivant.

L'important serait donc aussi bien la destination que le chemin pour l'atteindre ?

Chaque pas compte. Je ne suis pas un militant écologiste, j'ai une approche scientifique de la chose. On fait la voiture électrique parce que c'est une trajectoire potentielle de décarbonation, de réduction des émissions de gaz à effet de serre. C'est une trajectoire socio-économique pour réfléchir à l'aménagement du territoire et à la mobilité. Si nous ne passons pas par cette étape, alors nous risquons peut-être un effondrement socio-économique.

# 1.3
# Aux algues citoyens !

D'après un entretien avec
Stéphane Lemaire

Stéphane Lemaire est directeur de recherche CNRS au laboratoire de biologie computationnelle et quantitative (LBCQ), Institut de Biologie Paris Seine du CNRS et de Sorbonne Université. Avec Pierre Crozet, il a développé et breveté DNA Drive, une technologie de stockage d'information numérique sur ADN. Pérenne, écologique et miniature, cette technologie pourrait révolutionner le très polluant secteur du stockage de la data. Les deux chercheurs ont par ailleurs cofondé la start-up Biomemory, issue du CNRS, qui vise à poursuivre le développement de cette technologie et à la commercialiser.

Des prairies aux steppes, des déserts brûlants aux déserts gelés, des sommets aux sous-sols…, l'espèce humaine a colonisé tous les milieux qui s'offraient à elle sur cette bonne vieille Terre. Tous ? Non ! Car il est un environnement qui résiste encore aux envahisseurs que nous sommes, un environnement qui reste largement inexploré. C'est pourtant le plus vaste de notre planète : le milieu marin. La mer et l'océan n'ont révélé qu'une infime part des trésors biologiques qu'ils recèlent et cachent des ressources inestimables pour notre survie. Les humains rivalisent d'ingéniosité pour les trouver, mais le territoire est si immense. Où chercher ? Que chercher ?

La recherche marine progresse à petits pas, livrant au compte-gouttes des merveilles de technologies profitables à de nombreuses industries humaines. Les algues, par exemple, et en particulier les microalgues d'eau douce, sont partout, dans le sol, dans l'air, dans l'eau et elles regorgent de molécules et de voies métaboliques qui pourraient révolutionner la médecine, l'agronomie et même la production de matériaux. Elles sont l'objet de recherche de nombreuses équipes dans le monde dont celle de Stéphane Lemaire, un chercheur tendance écolo, spécialiste de la photosynthèse, qui voit en elles une des solutions pour sauver le monde.

Voilà dix ans que les microalgues, ces micro-organismes végétaux capables de photosynthèse donc de fixer le carbone, ont envahi le Laboratoire de biologie computationnelle et quantitative (LBCQ), depuis qu'un programme de biologie de synthèse, cette science qui vise à reprogrammer génétiquement des organismes pour qu'ils produisent des molécules d'intérêt industriel – pour la production de biocarburants ou de bioplastiques par exemple – ou, tout simplement, pour mieux les comprendre.

Pour faire simple, la biologie de synthèse, c'est l'interface entre la biologie et l'ingénierie. Et son principe, c'est de générer des données, beaucoup de données. Parce qu'en biologie, les modèles prédictifs ne sont pas très bons. L'ingénieur n'a pas besoin de construire cinquante ponts différents pour savoir lequel tiendra debout, contrairement au biologiste de synthèse qui doit tester des tas de possibilités pour trouver celle qui fonctionne et l'optimiser ensuite. L'optimisation d'une souche de production prend, au mieux, une dizaine d'années avec les processus classiques. Avec la biologie de synthèse, on peut espérer le faire en deux à trois ans. Mais pour cela, il est nécessaire de générer de grandes quantités de circuits génétiques, de grandes quantités de génomes différents, et de les tester… ce qui produit, en retour, énormément de données !

On se retrouve alors noyé sous une masse de données qu'il faut analyser. Pour cela, on utilise la biologie computationnelle, l'apprentissage machine, l'intelligence artificielle pour nous mettre sur la piste et nous aider à analyser ces Big data qui permettent de tester des milliers, des dizaines de milliers, des millions de constructions de souches différentes.

La biologie de synthèse n'est pas la bioprospection. Produire biologiquement une molécule synthétisée par voie chimique, à condition qu'il y ait une voie métabolique chez certains organismes qui le permette et qu'on puisse la trouver dans la nature, c'est le principe de la bioprospection. C'est ce que fait par exemple l'expédition Tara Océan, qui crée des collections de souches à partir de ses prélèvements en mer. Regarder dans cette diversité biologique s'il existe un organisme qui produirait une molécule intéressante en quantité importante est une des premières façons de faire de la bioprospection. L'autre option, une fois que cette souche a été identifiée, c'est d'optimiser sa culture, de la produire à grande échelle et d'en extraire la molécule intéressante. C'est une des façons de faire, mais ce n'est pas la plus efficace, car elle prend du temps. Et, à condition que de tels organismes existent, la plupart d'entre eux ne sont pas optimisés pour pousser dans des conditions industrielles. La métagénomique permet d'accélérer la bioprospection parce qu'au lieu de séquencer chaque génome, on analyse de façon globale l'intégralité des génomes de tous les organismes présents dans un échantillon. Une grosse quantité de données ont été générées ainsi, mais elles restent largement inexploitées – moins de 1 % ! – sinon pour répondre à des questions très spécifiques, sur l'évolution des gènes, sur une fonction particulière, la photosynthèse par exemple, ou encore sur une famille de gènes particuliers. Le reste des données ne sert à rien pour l'instant.

La biologie de synthèse a une tout autre approche : même si l'on trouve dans la nature un micro-organisme adéquat, il faut en analyser les circuits génétiques, les gènes, et les transférer dans un autre micro-organisme que nous savons déjà cultiver, que nous maîtrisons bien d'un point de vue industriel et qui est donc facilement exploitable. On crée donc une nouvelle souche de micro-organisme parfaitement adaptée aux conditions de production industrielle, éventuellement à partir de données de bioprospection, en identifiant des gènes qui existent dans la nature.

Autre exemple, dans le domaine des biomatériaux, de nombreux travaux sont menés sur les bioplastiques, mais aussi sur les tissus biofabriqués dont l'un des plus connus est la soie. Une des façons de la produire est de cultiver des organismes qui produisent de la soie : des vers à soie, dont on maîtrise l'élevage depuis très longtemps, ou des araignées, lesquelles produisent une soie extrêmement légère et ultrarésistante. Mais comme il est difficile d'élever des araignées pour ce type de production, on en a identifié les gènes à l'origine de la production de soie. Ces gènes ont été récupérés et introduits dans une levure de boulanger (*Saccharomyces cervisiae*) dont la culture est bien maîtrisée au niveau industriel. On obtient donc une souche de levure qui génère de la soie, et on peut la produire en très grosses quantités. Une entreprise comme Kraig Biocraft Laboratories, aux États-Unis, commercialise déjà des tissus fabriqués à partir de soie d'araignée. Et l'équipementier sportif allemand Adidas vient de signer un gros contrat avec l'un de ses compatriotes, le fournisseur de biopolymères de soie synthétique AMSilk, pour produire sa première chaussure entièrement biodégradable à base de soie d'araignée. Un vrai pas en avant vers la fin des chaussures en plastique.

#### Et si on revisitait les algues ?

La biologie de synthèse n'existait pas il y a encore quelques années. Avant elle, tout reposait sur la biologie moléculaire. Mais est arrivé le moment où la compréhension des processus de fixation du carbone s'est heurtée à l'absence de connaissances des systèmes biologiques. Il devenait impératif de créer des organismes modifiés capables de fixer plus de carbone ou de le rediriger vers d'autres molécules. C'est ce qui a porté l'émergence de la biologie de synthèse, qui s'est d'abord faite chez les levures et les bactéries. Vu le potentiel de cette nouvelle technologie, les microalgues semblaient être d'excellentes candidates, avec, en plus, la capacité de fixer le $CO_2$ atmosphérique grâce à l'énergie solaire. Le futur, quoi !

Une fois l'hypothèse formulée, il ne restait plus qu'à mettre en œuvre les projets de recherche *ad hoc*. Un consortium européen de laboratoires a été créé avec plusieurs pays européens pour développer les premiers outils et faire de la biologie de synthèse des microalgues une réalité.

Toutes les sciences expérimentales doivent être successivement descriptives, puis analytiques, puis synthétiques. La chimie a d'abord décrit les molécules identifiées dans la nature. Puis, grâce aux progrès techniques, on a pu analyser ces molécules et, au milieu du XIXe siècle, on a réussi à les synthétiser, c'est-à-dire à les recréer en laboratoire. Cette méthode a d'abord été utilisée pour des molécules qui existaient dans la nature, puis l'on s'est rendu compte que l'on pouvait aussi créer de nouveaux matériaux, tels que les plastiques. Au milieu du XXe siècle, la biologie a suivi le même chemin que la chimie. Elle est maintenant en train de faire sa transition entre l'analyse et la synthèse. Qu'est-ce que l'analyse ? C'est considérer un système complexe, un être vivant par exemple, et le décomposer en briques élémentaires, regarder de quoi il est constitué : d'ADN, de protéines, de lipides… Et en analysant ces briques élémentaires, on comprend le système complexe. La synthèse, c'est exactement l'inverse. C'est prendre des briques élémentaires et en construisant un système complexe, on en comprend le fonctionnement.

La synthèse est une méthode d'analyse et de compréhension qui est complémentaire à l'analyse et qui permet, en premier lieu, de répondre à des questions fondamentales en biologie.

Une phrase du prix Nobel de physique Richard Feynman l'illustre bien : « Ce que je ne peux pas créer, je ne le comprends pas ». C'est le principe de la biologie de synthèse en condensé, la compréhension par la construction d'un nouveau système biologique : des enzymes, des circuits génétiques, des cellules, des tissus, voire des organismes entiers. Ou encore par la reconception d'un système biologique existant pour des applications en biotechnologies. Par exemple, prendre une algue existante et la modifier pour qu'elle produise un biocarburant ou une molécule biomédicale. Et ce ne sont que deux illustrations des réalisations récentes de la biologie de synthèse.

Au niveau fondamental, des génomes entièrement artificiels ont ainsi été créés. Et il n'a pas fallu attendre longtemps pour voir germer les nouveaux concepts d'applications basés sur la biologie, repris et développés par de grosses entreprises ou des start-up de différents secteurs : des tissus biofabriqués, des bioplastiques, mais aussi, dans le bâtiment, des biobétons, des biobriques et du biociment synthétisés par des bactéries.

Dans le domaine agroalimentaire, la biologie de synthèse concerne les colorants, les arômes, les conservateurs. Et bien sûr l'agriculture cellulaire, qui consiste entre autres à faire pousser des cellules animales pour produire de la viande plutôt que d'élever des animaux destinés à être abattus pour notre consommation.

En santé, l'application la plus visible est l'immunothérapie : on reprogramme les lymphocytes d'un patient pour leur apprendre à reconnaître des cellules cancéreuses, puis on les lui réimplante afin d'éliminer le cancer. C'est une application qui a de très bons résultats et qui connaît énormément de développement. Sans compter toutes les applications qui ont trait à la médecine personnalisée, aux cellules souches et au microbiote.

On trouve également de nombreuses applications dans le domaine des cosmétiques et des parfums. Dans l'ensemble, il y a aujourd'hui beaucoup d'applications pour remplacer la chimie.

Car tout ce qui est actuellement produit grâce à la chimie peut, en théorie, être remplacé par la biologie pour produire des parfums, des arômes, des huiles, du squalène[7], mais aussi dans le domaine de la transition environnementale, des biocarburants, du remplacement des molécules produites à partir de pétrole – qu'on appelle des molécules plateformes –, le développement durable ou encore la bioremédiation[8].

Enfin, il y a toute une gamme d'applications dans le domaine numérique, un sujet qui intéresse particulièrement le LBCQ, d'où a éclos l'entreprise Biomemory[9] qui utilise de l'ADN comme moyen de stocker de l'information numérique[10]. Tout cela n'étant qu'un assortiment succinct d'exemples récents de ce que peut réaliser la biologie de synthèse.

### Pour un monde plus vert(tueux)

La recherche en biologie synthétique du LBCQ est entièrement tournée vers un idéal écologique, la biologie étant sans nul doute la solution à tous les problèmes sociétaux et technologiques actuels. La biologie de synthèse c'est ce qu'on appelle la « quatrième révolution industrielle », la troisième étant l'informatique. C'est la convergence de la bio-ingénierie et des sciences exactes et informatiques – physique, chimie, intelligence artificielle… C'est ce que l'on appelle le « made by biology ». D'ici dix à vingt ans, on considère que cela remplacera tous les procédés de fabrication actuels, essentiellement dérivés du pétrole. Et pour sortir du pétrole, la biologie sera partout, dans la chimie, l'alimentation,

7. Lipidique précurseur des stéroïdes extrait du foie de requin, utilisé notamment comme adjuvant de vaccins.

8. La bioremédiation est un procédé de dépollution biologique d'un milieu grâce à l'intervention de micro-organismes.

9. Voir plus haut la biographie de Stéphane Lemaire, cofondateur de Biomemory (www.biomemory.com).

10. Voir l'encadré « La biologie synthétique au secours du big data », page 73.

les matériaux, l'énergie et la santé. La biologie synthétique est en passe de devenir une véritable culture. En 2019, un article consacré à la biologie de synthèse publié dans le très sérieux magazine britannique *The Economist*[11] affirmait même que l'ingénierie du vivant allait bientôt tout changer, ses applications étant sans fin. En 2020, une étude réalisée par le cabinet de conseil McKinsey prédisait un impact économique gigantesque de près de trois mille six cents milliards d'euros d'ici à 2030-2040 dans de nombreux domaines grâce à la biologie de synthèse, dont un tiers lié à son application à l'agriculture et à l'alimentation.

L'idée est de remplacer les raffineries, qui convertissent le pétrole en carburant, en molécules d'intérêt, en polymères, en résines, en adhésifs, en détergents, en fibres ou en lubrifiants, tous des dérivés du pétrole, par des bioraffineries qui produisent exactement les mêmes molécules, mais à partir de la biomasse. Problème : cette biomasse est dérivée de l'agriculture. Elle découle de la photosynthèse, donc du $CO_2$ et de l'énergie solaire. En résumé, on cultive de la canne à sucre pour alimenter ces bioraffineries. Mais s'il faut remplacer toute la pétrochimie par des bioraffineries, il n'y aura pas assez de surfaces cultivées pour nourrir une population mondiale qui atteindra dix milliards d'individus en 2050 et qu'on ne sait déjà pas nourrir intégralement aujourd'hui. Difficile donc d'utiliser l'agriculture pour remplacer la pétrochimie.

C'est là qu'interviennent les microalgues ! Des bioraffineries basées sur les algues permettraient de produire toutes les molécules que produiraient les bioraffineries basées sur la biomasse agricole, mais en utilisant directement le $CO_2$ et l'énergie solaire sans utiliser de surfaces cultivées.

Pour accomplir ce tour de force, deux genres de microalgues sont particulièrement étudiées : *Chlamydomonas* et *Synechocystis*.

11. Voir l'article « Synthetic biology: The engineering of living organisms could soon start changing everything », *The Economist*, avril 2019.

Ces deux algues, plus exactement ces deux types de cyanobactéries, sont celles que l'on sait le mieux manipuler génétiquement. Il faut comprendre que la science ne sait ni manipuler, ni modifier, ni même cultiver la plupart des organismes. La biologie de synthèse se base donc sur un nombre très limité d'organismes, deux ou trois pour les bactéries, principalement la levure de boulanger (*Saccharomyces verevisiæ*) pour les levures, et majoritairement *Chlamydomonas* pour les microalgues. Pour chaque grand clade[12], on utilise un modèle étudié depuis de nombreuses années que l'on sait donc bien manipuler et cultiver, avec lequel il est a priori possible de créer de nouvelles souches avec de nouvelles possibilités. Ce qui ne serait pas envisageable en bioprospection, avec un organisme trouvé dans la nature pour lequel il faudrait des décennies avant d'en maîtriser les propriétés et de pouvoir faire de l'ingénierie dessus.

Il y a toutefois des recherches en bioprospection sur des micro-organismes, afin d'évaluer s'ils ne seraient pas plus productifs. La législation sur les OGM incite à mener de telles recherches, mais il semble peu probable de trouver une souche performante ou suffisamment performante, quel que soit le besoin auquel on cherche à répondre. Le problème est essentiellement économique, sachant que le pétrole est un concentré de carbone dont la production ne coûte quasiment rien. Même si son prix a récemment augmenté, par rapport à un être vivant qui produirait naturellement de l'huile qu'il faut extraire, il resterait bien moins cher. Pour que le passage des énergies fossiles aux biocarburants devienne une réalité économique au niveau industriel, il faut que le coût de ces derniers soit extrêmement bas, donc que les sources utilisées soient très performantes au niveau de la production et de l'extraction. Pour réaliser cela d'ici à trente ans, cela implique de faire de la biologie de synthèse sur des organismes que l'on connaît et que

12. Groupe d'organismes issu d'un ancêtre commun.

l'on sait parfaitement manipuler, sinon nous n'y arriverons pas avant une centaine d'années, peut-être plus. Produire un type de plastique particulier par bioprospection est possible, mais suppose un coût très élevé. Mais il faudra recommencer cette prospection pour chaque nouvelle molécule à produire. Faire la même chose avec ce que l'on nomme un « châssis » en biologie de synthèse, un organisme bien maîtrisé que l'on peut facilement modifier, il est possible de tout faire, du carburant autant que du plastique, des arômes autant que des pigments, avec des rendements très nettement supérieurs à ce qui est possible avec des organismes non transformés. Ces organismes naturels n'ont pas été sélectionnés pour produire les molécules désirées, mais pour survivre. Ils ne sont donc pas forcément optimisés pour produire une molécule, un pigment à une quantité maximale. La biologie de synthèse, à l'inverse, permet de les optimiser pour qu'ils produisent et non pour qu'ils survivent. Ces organismes génétiquement modifiés sont donc très performants dans des conditions données, mais lâchez-les dans la nature, ils ne survivront pas longtemps parce qu'ils ne seront pas adaptés aux changements de température, aux changements de luminosité. Car la sélection naturelle conserve les organismes capables de survivre dans des conditions qui varient en permanence.

La biologie que l'on observe aujourd'hui est celle qui a été sélectionnée par l'évolution naturelle, par des mutations successives. C'est un hasard, une erreur après une autre qui amène à la diversité biologique actuelle. Avec une histoire évolutive différente, les changements climatiques qui ont eu lieu lors des différentes ères géologiques auraient eux aussi été différents, tout comme la composition de l'atmosphère de la Terre. La biologie elle-même aurait été radicalement différente. Ce potentiel offre la possibilité de ne pas se limiter à la biologie existante, mais à une biologie, à des biologies qui n'ont pas été sélectionnées naturellement. Ce n'est pas pour rien que le prix Nobel de chimie 2018 a été attribué à l'Américaine Frances Arnold pour ses travaux sur l'évolution moléculaire dirigée. La chercheuse a montré qu'en faisant évoluer rapidement – cent mille ans d'évolution en quelques mois ! – une enzyme en sélectionnant artificiellement ses propriétés dans des conditions qui n'existent pas, on obtient une enzyme qui n'existe pas naturellement. Frances Arnold a ainsi démontré qu'il est possible de créer de telles enzymes capables de liaisons chimiques inexistantes dans la nature. Par exemple, il n'existe pas d'organismes vivants capables de synthétiser des résines. Il est maintenant possible de faire évoluer le vivant pour qu'il aille dans cette direction. C'est pour cela que l'on parle d'évolution dirigée : amener, forcer le vivant à faire quelque chose qu'il ne fait pas naturellement, mais qu'il a le potentiel de faire. Le vivant a un potentiel qui va bien au-delà de celui qui existe déjà dans la nature.

### Concurrence microbienne

Les bactéries et les levures ont besoin d'être nourries. La quatrième révolution industrielle est celle qui va nous voir faire pousser tout ce dont nous avons besoin. C'est déjà le cas avec les bactéries et les levures, que nous savons très bien manipuler. Nous savons certes leur faire produire facilement des molécules, notamment thérapeutiques – la moitié des revenus de l'industrie pharmaceutique est liée à la bioproduction – mais pour cela, il faut donner à manger à ces micro-intermédiaires. Pour une molécule dont le coût est très élevé, ce n'est pas un problème, mais pour du carburant, le volume à produire est tellement massif que les surfaces cultivées nécessaires ne seront jamais assez importantes, d'autant qu'il faut en conserver pour assurer l'alimentation.

La solution est donc de trouver des organismes qui n'ont pas besoin de sucre pour se développer, mais d'une source d'énergie totalement gratuite. Par exemple, du $CO_2$ et de l'énergie solaire. C'est pour cela que les microalgues sont particulièrement intéressantes, en plus de pousser extrêmement rapidement – leur quantité double toutes les 8 heures ! – et d'être très faciles à manipuler. Les recherches progressent donc plus vite. D'autant qu'elles n'entrent pas en compétition avec l'agriculture. Reste que, pour l'instant, les bactéries et les levures procurent des rendements plutôt élevés là où les microalgues sont encore peu aguerries aux contraintes de l'industrie. Car on ne sait pas encore cultiver ces algues en très gros volumes. Pour les biocarburants par exemple, on parle de plusieurs millions de litres de microalgues à cultiver. Mais face au coût de la biomasse, on espère que l'industrie va combler son retard à moyen terme, par rapport aux rendements des bactéries et levures.

On compte beaucoup d'initiatives pour développer cette filière. Notamment la toute récente *joint venture*[13] CarbonWorks dédiée à la valorisation du $CO_2$, qui rassemble, depuis juillet 2021, les forces de deux entreprises françaises : la biotech girondine Fermentalg, qui cultive des microalgues à grande échelle en Bretagne, et Suez, mastodonte de la gestion des déchets qui produit énormément de $CO_2$. L'idée est donc de décarboner l'industrie en utilisant des réacteurs d'algues de grand volume, capables de capter ce $CO_2$ destiné à produire des molécules d'intérêt.-

De nombreuses autres biotechs ont bien compris l'intérêt des bioraffineries pour remplacer les productions basées sur la chimie. Mais celles qui utilisent des microalgues sont encore peu nombreuses. L'entreprise française Global Bioenergies[14], par exemple, travaille avec des bactéries et des levures non photosynthétiques sur la production d'hydrocarbure à partir de la biomasse. Sur le même principe, Abolis[15], autre biotech hexagonale, se positionne, elle, sur le remplacement de molécules chimiques par des molé-

13. Association d'entreprises ayant pour objet la réalisation d'un projet commun.

14. Voir global-bioenergies.com.

15. Voir abolis.fr.

cules biologiques destinées aux industries, mais le fait via ce que l'on appelle de l'ingénierie métabolique, une alternative pour créer de nouvelles voies métaboliques dans le but de produire des molécules d'intérêt industriel.

L'ingénierie métabolique est cette branche de la biologie de synthèse qui vise à reprogrammer des organismes pour reproduire des molécules d'intérêt industriel. En revanche, reprogrammer un organisme pour dépolluer un sol n'est pas de l'ingénierie métabolique, car on ne demande pas à l'organisme de produire une molécule. Tout comme traiter des eaux polluées, qui est de la biologie de synthèse avec un objectif différent. Utiliser l'ADN pour stocker de l'information numérique ne produit pas non plus de molécule, mais c'est aussi de la biologie de synthèse. Même chose pour l'immunothérapie, qui ne propose pas de molécule.

À l'international, les deux plus grosses entreprises qui s'adonnent à l'ingénierie métabolique sont l'américaine Ginkgo Bioworks[16], une entreprise touche-à-tout issue du Massachussetts Institute of Technology, talonnée par Amyris[17], issue, elle, de la prestigieuse université Berkeley. Le groupe français Robertet, un parfumeur, dont le siège social est situé à Grasse, qui cultive des hectares de roses pour en extraire une petite quantité d'huile de rose –, est allé trouver Ginkgo Bioworks pour produire une molécule proche de l'huile de rose. Proche – parce que l'huile de rose est très compliquée à produire de par les centaines de molécules qui la composent – au moins de ses principaux constituants. La biotech a donc identifié les gènes d'intérêt de la fleur, les a implantés dans une levure et a créé une souche produisant un composé qui mime ladite huile. Désormais, au lieu de faire pousser des roses, le groupe Robertet peut faire pousser des levures en cuve pour produire sa fameuse huile de rose.

---

16. Voir ginkgobioworks.com.
17. Voir amyris.com.

Toutes ces biotechs répondent à des industriels qui cherchent une source pour produire leurs molécules. Pour quelques millions d'euros, l'industriel peut alors transformer complètement son procédé et n'est plus tributaire des conditions climatiques ou de l'approvisionnement en un produit sourcé dans un pays géopolitiquement instable. La bascule qui privilégiera les cultures biologiques au pétrole dépendra de la molécule à produire. Pour la production de molécules à haute valeur ajoutée, un médicament ou un pigment, elles sont déjà rentables. En revanche, pour produire des molécules en très gros volume et qui ne coûtent pas cher, comme du carburant, la route est encore bien longue. Le coût est, en effet, cinq à dix fois supérieur à ce que l'on sait faire avec du pétrole, ce n'est pas du tout compétitif. Si le prix du pétrole continue son ascension, cela le deviendra. À condition qu'il y ait des choix politiques pour taxer les ressources fossiles par rapport aux biocarburants, cela pourrait alors devenir rentable. Mais pour le moment, le gouffre est immense. Tous les procédés de production du pétrole et de ses dérivés ont été optimisés pendant plusieurs dizaines d'années, alors forcément, pour l'instant, la biologie ne peut pas, ne sait pas entrer en compétition économique avec lui. Les progrès sont immenses en biologie de synthèse qui n'a émergé qu'au début des années 2000 et ne s'envole vraiment que depuis le début des années 2010. On parle d'une science qui n'a que dix ans par rapport à une technologie de la chimie vieille, elle, d'au moins 150 ans. Mais durant ces dix années, on a vu les prémices de cette fameuse quatrième révolution industrielle, qui va s'amplifier dans les vingt à trente prochaines années.

Le fait d'utiliser des systèmes biologiques renouvelables, responsables avec une source d'énergie unique, abondante et illimitée est aussi une source de motivation pour les acteurs de ce secteur. Le LBCQ travaille actuellement avec un industriel pour développer des souches de microalgues capables de produire un plastique biodégradable et biosourcé. Pour faire du bioplastique, il existe deux molécules naturellement proches du plastique pétrosourcé : l'acide polylactique (PLA) et le polyhydroxyalcanoate (PHA). Des bactéries produisant le PHA ont été découvertes dans les années 1920 et, depuis, identifiées, analysées et mises en culture. Mais ces souches bactériennes ont une fâcheuse tendance à pousser lentement. Les gènes impliqués dans la synthèse du PHA ont donc été identifiés et implantés dans d'autres souches. Et c'est la célèbre bactérie *Escherichia coli* qui a été choisie pour intégrer les procédés industriels. Il serait utile de pouvoir faire la même chose avec des microalgues, le principal écueil de cette production de plastique étant, encore une fois, la nécessité de nourrir ces bactéries pour qu'elles se développent. Par la voie bactérienne, la moitié du prix du bioplastique est lié à celui de la biomasse.

### Des microalgues dans l'assiette

La promesse des biotechnologies est de remplacer toute la pétrochimie. Et dans l'industrie agroalimentaire, la pétrochimie est absolument partout. Conservateurs, acidifiants, édulcorants... À part quelques exceptions, la plupart des additifs alimentaires sont produits par synthèse organique. C'est encore une fois le coût du pétrole qui en est la cause. Avec le contexte climatique actuel, il faut là aussi que la transition s'opère plus vite.

La chimie ne peut pas tout et la production chimique de certaines molécules coûte très cher. Il y en a même que nous ne savons pas du tout produire chimiquement. La fabrication traditionnelle d'huile de rose ou de pigments – en réalité la majorité des colorants issus de la culture de plantes ou de fleurs, est extrêmement onéreuse. Les procédés chimiques pour les produire le sont davantage encore.

Pour les molécules onéreuses à fabriquer, il existe des initiatives destinées à remplacer leur culture. Fermentalg produit ainsi des acides gras oméga 3 à partir de microalgues, Global Bioenergies des ingrédients pour l'industrie cosmétique, d'autres encore des arômes. Tout un panel de molécules volatiles odorantes d'origine végétale, typiquement des terpènes, produites aisément avec des algues, et pour le coup, à une échelle conséquente. Dans le domaine médical en revanche, la chimie produit de l'aspirine ou du paracétamol à un coût tellement bas qu'il est difficile d'entrer en compétition. Cela se fera, mais en commençant par concurrencer la pétrochimie sur les produits les plus chers.

### Le défi OGM

Attaquons le sujet qui fâche et réaffirmons-le : oui, les organismes issus de la biologie de synthèse sont des OGM. Mais savez-vous qu'énormément de molécules et de médicaments prescrits ou vendus en pharmacie sont produits par des OGM ? L'insuline que s'injectent les diabétiques n'est pas produite par voie chimique parce que nous ne savons pas synthétiser des protéines par cette voie. Ce sont des bactéries *E. coli* ou des levures, dans le génome desquelles le gène de l'insuline humaine a été inséré, qui la produisent. Les hormones, celle de croissance par exemple, sont aussi produites grâce à des systèmes biologiques. Mais dans ces cas-ci, ce qui est ingéré par le patient, ce n'est pas l'OGM, c'est une molécule purifiée produite par l'OGM. Produire des biocarburants, des bioplastiques ou des colorants par biologie synthèse c'est en fait extraire des molécules d'organismes OGM. La différence est peut-être subtile pour certains, mais elle existe.

Ce problème d'acceptation est en fait très local. La défiance du grand public vis-à-vis des OGM alimentaires est un fait très européen, et même très latin, beaucoup moins observé dans les pays du Nord. C'est cette défiance qui a amené le législateur à en réglementer l'usage et la mise sur le marché dans l'Union européenne alors qu'ils sont largement autorisés ailleurs. Les Américains en consomment énormément, alors que l'Union européenne les interdit dans l'alimentation humaine. Mais sait-on que 95 % de l'alimentation animale sont des OGM ? Le grand public ne réalise pas que les bœufs que nous mangeons sont nourris aux OGM, que le soja est à 99 % génétiquement modifié dans le monde, idem pour le riz, le maïs ou encore le coton des vêtements que nous portons. Nous en consommons déjà énormément sans les ingérer directement. Mais si dans tous les produits transformés que nous consommons au quotidien il ne doit pas y avoir de traces d'OGM, rien ne l'interdit dans l'alimentation animale au sein de l'Union européenne. Nos vaches, nos poules, nos cochons sont nourris avec des OGM et c'est comme ça partout dans le monde.

Ce rejet des consommateurs est sans doute lié à des erreurs de communication. La pandémie de Covid-19 a révélé qu'un certain nombre de scientifiques pas tout à fait honnêtes, qui servaient davantage leur carrière que leur science, ont attiré le grand public sur des sujets scientifiquement non avérés, été réfutés et démontrés comme faux dans la littérature, mais qui ont fait énormément de mal au niveau de la compréhension par le grand public. Ce fut aussi le cas de l'affaire Séralini[18], laquelle a eu un énorme impact médiatique alors qu'elle était scientifiquement non valable. Il y a eu d'autres affaires dans l'histoire des sciences, mais quand celle-ci est arrivée, des lobbies s'en sont emparés, avec des conséquences néfastes pour la recherche parce qu'il est très difficile de revenir en arrière une fois l'annonce. Y aura-t-il un jour une acceptation des OGM en France ?

En réalité, nous risquons de ne pas avoir le choix, avec la croissance que devrait connaître la population mondiale d'ici à 2050. La production agricole avec les techniques classiques de sélection et d'optimisation a, elle, déjà doublé et nous n'avons aucune idée

18. Affaire déclenchée par la publication d'un article scientifique très controversée du chercheur Gilles-Éric Séralini qui concluait à la responsabilité du maïs génétiquement modifié, tolérant au Roundup de Monsanto dans la survenue de cancers chez des souris, mais dont les résultats furent finalement jugés incomplets voire orientés par la communauté scientifique mondiale.

de la façon de nourrir tous ces gens. Nourrir la planète sans OGM est aujourd'hui impossible. Arrivera donc un moment où le rendement des cultures devra augmenter, et ce alors que la surface cultivée reste limitée. Nous avons déjà atteint le maximum de ce que nous pouvions faire sans l'intervention de la génétique. Les gains possibles sont actuellement très faibles, de l'ordre de 1 à 2 % alors qu'il faudrait les augmenter de 100 %, ce qui paraît extrêmement difficile sans les OGM.

Les États-Unis ont énormément travaillé sur ce problème et publié récemment des études portant entre autres sur des cultures de tabac qui montrent qu'il est possible d'augmenter les rendements de 40 à 60 % en introduisant une ou quelques modifications génétiques très basiques[19]. C'est le moment de faire un choix politique. Si nous excluons cette capacité d'augmenter nos rendements de culture, nous serons amenés à acheter nos futurs aliments dans d'autres pays qui, eux, autorisent ce type de recherche. Sommes-nous prêts à changer notre vision ?

Pour l'instant, il n'y a pas d'acceptation, ni au niveau de la population ni au niveau politique. La législation européenne est encore très opposée au développement des OGM, y compris à l'édition du génome et aux nouvelles technologies, qui sont scientifiquement pourtant beaucoup plus sûres. L'Europe restera-t-elle en retrait pendant que les États-Unis, la Chine et plus généralement l'Asie nourriront le reste du monde parce que nous ne pourrons plus augmenter nos rendements ?

Cette crainte n'est pourtant basée sur aucun fait scientifique. Toutes les études qui ont été menées et l'ensemble de la communauté scientifique sont unanimes sur le fait qu'il n'y a aucun risque avéré des OGM. Nous avons le recul nécessaire pour l'affirmer. Mais cette appréhension est là, liée à l'histoire, à toutes ces commu-

19. Paul F. South et *al.*, « Science, Synthetic glycolate metabolism pathways stimulate crop growth and productivity in the field », *Science*, janvier 2019.

nications falsifiées qui, pour certaines, parlaient même de risques d'autisme. Ces fausses affirmations sont restées ancrées dans la mémoire collective. À moins d'une crise majeure qui nous y oblige en Europe, à l'image de ce qu'il s'est passé pendant la pandémie de Covid-19 avec les vaccins, il sera très difficile de revenir en arrière et de les faire accepter compte tenu du sentiment global de la population. La bataille des scientifiques est sans doute déjà perdue dans l'Union européenne pendant que les États-Unis ou le Royaume-Uni continuent de développer des OGM. C'est d'ailleurs un effet collatéral du Brexit. La première décision prise par le Royaume-Uni lorsqu'il est sorti de l'Union européenne, en 2021, a été d'autoriser les OGM, parce que les Britanniques ont tout à fait conscience de la quatrième révolution industrielle et que l'hégémonie économique passera par la biologie et par les OGM.

### Une recherche discrète

Si le terme de biologie de synthèse est encore largement méconnu du grand public, c'est sans doute aussi parce que la communauté qui l'incarne ne souhaite pas trop communiquer pour la préserver d'éventuels débats et attendre que le domaine soit suffisamment mature, la communication des scientifiques n'ayant pas particulièrement brillé sur le sujet du développement des OGM. Ce qui ne veut pas dire qu'il faille cacher les choses pour autant, mais plutôt qu'il faut impliquer le public très tôt dans le processus de décision. Des réflexions sur les aspects éthiques sont donc menées pour associer les citoyens à la prise de décisions. Il s'agit d'ingénierie du vivant. La communauté se doit donc d'échanger avec les citoyens et les associations pour permettre l'acceptabilité des OGM. Cela se fait en organisant des conférences publiques, en comprenant les aspirations du public pour mieux construire le discours qui nous amènera à expliquer les principes de la quatrième révolution industrielle d'ici quelques années.

Si le pessimisme est de mise quant à l'acceptation des OGM en alimentation humaine, leur utilisation pour produire des molécules vouées à remplacer la pétrochimie, comme on le fait déjà pour les médicaments, pousse à un peu plus d'optimisme. Un plastique ou un shampooing produit biologiquement restent du plastique ou du shampooing. Ce ne sont pas des denrées. S'ils sont produits de manière plus écologique, l'adhésion du public sera d'autant plus importante. Le pétrole, dont la chimie n'est pas bonne écologiquement parlant, ne jouit pas non plus d'une excellente réputation. L'impact écologique sera aussi un facteur d'acceptation bien plus important à condition d'expliquer que la biologie permet une production écologiquement plus durable.

Aujourd'hui, le LBCQ se concentre sur la création d'une biofonderie dans les locaux de Sorbonne université. Un laboratoire de biologie de synthèse entièrement automatisé où toutes les manipulations seront effectuées par des automates de manière à créer des milliers de souches chaque semaine et les analyser à très haut débit. Cette biofonderie, dont le démarrage est prévu en 2023, sera la première du genre en France. De telles structures sont encore peu nombreuses dans le monde. Il en existe une trentaine, dont cinq au Royaume-Uni, quatre aux États-Unis et quelques-unes en Asie, en Australie et en Europe.

La biofonderie française permettra à la biologie de synthèse de passer à l'étape supérieure en répondant aux besoins des laboratoires académiques, mais aussi des industriels qui souhaitent créer une souche particulière. Un premier partenariat avec un industriel pour produire du bioplastique est d'ores et déjà signé et cela intéresse plusieurs industriels français.

### La biosécurité avant tout

Les micro-organismes issus de la biologie de synthèse ne sont pas exposés à l'air, mais modifiés ou utilisés dans des milieux confinés. Les cultures sont réalisées dans des réacteurs fermés qui sont stérilisés après chaque culture pour éviter que les micro-organismes ne se retrouvent dans la nature. La législation oblige en effet, lorsque l'on travaille sur des OGM, à prendre des mesures de contrôle empêchant la dissémination des organismes dans l'environnement.

Il y a aussi une étape de biocontrôle qui consiste à ajouter une modification génétique à ces organismes pour faire en sorte qu'ils ne puissent pas survivre dans la nature. Par exemple, en les rendant dépendants d'une molécule qui n'existe pas dans la nature en l'absence de laquelle ils ne peuvent pas pousser. Ainsi, si l'une de ces souches se retrouve par hasard dans la nature, elle ne survivra pas en l'absence de cette molécule qui n'existe pas. On peut encore imaginer une solution génétique, un gène de suicide comme il en existe dans les OGM de Monsanto. Tout est sous contrôle.

**La biologie synthétique au secours du big data**

Le stockage de données est une des dernières applications de la biologie synthétique, et une des plus révolutionnaires. Un fichier informatique est composé de 0 et de 1, l'ADN, de quatre lettres, A, T, C et G. Il suffit donc de créer un code qui fasse correspondre les 0 et les 1 à ATCG. À partir de là, il est possible de créer une multitude de codes. On peut, par exemple, décider que le A correspond à 00, le T à 10, le C à 01 et le G à 11. À partir de ce code, il est possible de créer une molécule ADN à partir de n'importe quelle séquence de 0 et de 1 d'un fichier informatique. Il ne reste plus qu'à synthétiser cette séquence d'ADN que l'on peut alors introduire dans des bactéries pour la copier. Et lorsque l'on a besoin d'y accéder, il suffit d'un séquenceur pour récupérer le fichier. L'ADN comme support d'archivage, il fallait y penser!

Les chercheurs du Laboratoire de biologie computationnelle et quantitative ont ainsi réussi à encoder la Déclaration des droits de l'homme et du citoyen de 1789 et la Déclaration des droits de la femme et de la citoyenne de 1791 qu'ils ont chacune enfermées dans une minuscule capsule d'acier inoxydable d'à peine un centimètre. Et pas qu'une seule copie, cent milliards de copies !

L'ADN est considéré comme la meilleure solution pour remplacer nos supports de stockage de manière écoresponsable puisqu'il reste stable pendant plusieurs milliers d'années sans aucun apport d'énergie. Les acteurs qui stockent ou gèrent des données s'intéressent évidemment à cette technologie de stockage, parmi lesquels Microsoft qui y investit massivement.

Cette technologie est aujourd'hui fonctionnelle, mais n'est pas encore économiquement viable. Elle est néanmoins promise à un très bel avenir puisqu'en généralisant l'archivage moléculaire, il sera possible de faire tenir l'intégralité des données de tous les supports numériques de la planète dans seulement cent grammes d'ADN. Si l'on ajoute à cela le fait que l'ADN est un support qui peut être biosécurisé puisqu'il ne code, ici, aucune information biologique, la biologie synthétique, dans ce domaine en tous cas, a de beaux jours devant elle !

# 1.4

# Le cuir de champignon, c'est tendance !

D'après un entretien avec
Thibaut Mouthier

Diplômé en ingénierie des biotechnologies, spécialité « procédé et production », de l'école Sup'Biotech, Thibaut Mouthier est également titulaire d'un doctorat en chimie des glucides obtenu à l'université de Wageningen, aux Pays-Bas. Après plusieurs stages au CNRS et dans une filiale de Suez, il rejoint la société hollandaise Avantium Technologies et ne quittera plus les Pays-Bas pour devenir responsable du développement de procédés de la succursale locale du groupe américain de biomatériaux Bolt Threads.

La prise de conscience écologique de la plupart des sociétés occidentales se traduit par la volonté de ne plus abîmer notre planète avec des industries très polluantes et surtout très consommatrices en ressources. Alimentation, transport, construction… Toutes ont commencé à prendre la mesure de leurs excès et souhaitent revenir à quelque chose de plus sobre. L'industrie textile et avec elle celles du vêtement et de la mode sont aussi impactées par cette nécessité de se tourner vers un modèle plus vertueux. Le lin et d'autres fibres végétales sont dans la ligne de mire des industriels, mais ces cultures entrent en concurrence avec l'agriculture vivrière, et il ne faudrait pas ajouter un problème à un autre problème qu'est la limitation de la surface cultivable en Occident.

Des entreprises proposent des alternatives pérennes à ce problème en s'appuyant sur une ressource quasiment infinie : les champignons. Plus précisément, leur mycélium. Thibaut Mouthier fait partie de cette nouvelle génération qui compte bien appuyer sur le champignon de la transition écologique. Portrait d'un ingénieur au parcours atypique, pour qui tous les chemins mènent au mycélium...

On ne peut pas dire que la scolarité de Thibaut Mouthier est un long fleuve tranquille. De son aveu même, l'année du baccalauréat et l'examen sont « très chaotiques ». Son lycée de Saint-Germain-en-Laye, comme tous ceux du secteur, est plutôt élitiste. Comme il ne fait pas du cercle des premiers de classe, plus aucun lycée ne l'accepte en classe de terminale. Alors il quitte la filière classique pour un internat en lycée agricole, en Picardie, où il obtient son bac scientifique, option écologie. En 2005, malgré un dossier « plutôt moyen », il réussit à intégrer Sup'Biotech, en région parisienne, où on lui donne sa chance. Il y passera six ans. « Pendant mes études, j'ai fait des stages en entreprise très différents. Je voulais surtout m'orienter en production, en procédé. J'étais très intéressé par l'opérationnel, mais je voulais aussi faire de la recherche. »

L'opérationnel, la production, c'est son dada ! : « Je ne voulais pas être enfermé dans un laboratoire, mais cela n'a pas été mon parcours. J'ai beaucoup été en laboratoire. » Et pour cause, son premier stage en entreprise se déroule dans un laboratoire de microbiologie du CNRS à Clermont-Ferrand, en Auvergne. Le deuxième, il le fait chez Sita Remédiation, pour dépolluer des sols. « C'était mon premier challenge en tant qu'opérateur. Il fallait dépolluer toute la nappe phréatique de Nanterre de plusieurs mètres d'hydrocarbures datant de la Seconde Guerre mondiale. Ce fut plutôt sportif. On travaillait dehors toute la journée, il fallait creuser des puits, y mettre des tuyaux, les ajuster, pomper et récupérer le mazout, le séparer. Tout ça pendant l'hiver, par -5 °C ! Il neigeait, des pompes ont explosé, j'ai eu des hydrocarbures sur la tête… mais j'étais sur le terrain ! »

Pour perfectionner son anglais et s'orienter vers les filières de production de biocarburants, il souhaite faire son stage de fin de cursus à l'étranger. Nous sommes alors en 2012. Quatre ans plus tôt, un krach boursier fait grimper le prix du baril de pétrole à plus de cent vingt euros. « Toutes les grosses entreprises se sont alors intéressées aux biocarburants et à tout ce qui était biosourcé. Il y avait beaucoup de projets de recherches et d'initiatives dans ce sens. » Dès 2011, Thibaut se lance dans la création d'une base de données de toutes les start-ups mondiales travaillant sur ces sujets, en s'appuyant sur celle du Biofuels Digest[20], soit près de cent cinquante au total ! Il envoie un curriculum vitæ et une lettre de motivation à chacune de ces entreprises. Son profil intéresse plusieurs d'entre elles, mais une seule retient sa candidature. Située à Amsterdam – lui qui visait plutôt les États-Unis –, l'entreprise Avantium produit des bioplastiques. « J'étais biologiste et Avantium faisait de la chimie inorganique ». Lors d'un entretien, on lui demande s'il a quelques notions de chimie, il avoue n'en avoir jamais fait. « C'est comme ça que j'ai commencé ma carrière en chimie ! » Toutefois, on ne l'intègre pas dans un laboratoire de chimie, trop dangereux. Comme il n'a pas de compétences dans ce domaine, on lui propose de construire un réacteur triphasique[21]. Il a trois mois pour le faire, mais cela ne lui en prendra qu'un. Et il fonctionne ! « C'était de la chimie inorganique, des réactions chimiques qui impliquaient la transformation de sucres solubilisés dans du méthanol au contact de l'hydrogène et de métaux de transition comme le nickel, le cobalt ou le platine. Je n'avais jamais touché à ça ! »

20. Voir biofuelsdigest.com.

21. Réacteur qui fait intervenir les trois phases de la matière. Il s'agit d'une grosse pile faite de minéraux (solides) plongés dans du dihydrogène (gazeux) et soumis à un flot de méthanol (liquide), d'où son nom de triphasique.

Satisfaite, l'entreprise l'embauche comme technicien de laboratoire. Pendant un an, il occupe ce poste et s'essaie à la direction de projets. Au terme de cette année, il fait connaître son désir de devenir chef de projet à plein temps. Mais dans l'entreprise, tous les chefs de projet ont un doctorat en chimie inorganique. Sur les conseils de ses ex-employeurs, il doit acquérir ce « passeport » s'il veut continuer dans la recherche, notamment dans les start-up. « Les Pays-Bas, et les pays anglo-saxons plus généralement, ont une approche du doctorat[22] complètement différente de celle de la France où il n'est pas forcément promu. Mais aux Pays-Bas ou aux États-Unis et dans beaucoup d'autres pays dans lesquels je suis allé, le doctorat est indispensable pour faire de la recherche de pointe. En France, on ne nous pousse pas à faire un doctorat pour développer une start-up ou travailler en entreprise. Dans les autres pays, ils savent parler le langage de l'ingénierie. Je n'ai jamais touché aux travaux des ingénieurs avec lesquels je travaille aujourd'hui. C'est de la construction, ils connaissent la mécanique, la thermodynamique et un de mes collègues ingénieurs en matériaux n'a pas appris ça non plus. Ce qui me fait dire que les écoles d'ingénieurs françaises préparent plutôt à être très polyvalent dans tout ce qu'il y aura à faire en lien avec l'ingénierie. Je le vois clairement dans mon entreprise, par rapport à mes collègues néerlandais, nous sommes plus forts, plus flexibles, on peut toucher à tout sans que cela nous pose de problème. »

Après cette première expérience professionnelle prometteuse, il se remet en quête d'un emploi, considérant que le doctorat est « un emploi comme les autres ». Il postule un peu partout, dans les universités, les centres de recherche et les entreprises, dans différents domaines de recherche : « Je n'avais pas de grand but. J'ai postulé en chimie, en microbiologie, en biologie, en développement de procédés pour faire mon doctorat. » Mais ce qu'il

22. Ph. D en anglais, pour Philosophiæ Doctor

souhaite avant tout, c'est rester à l'étranger. Une proposition en microbiologie lui parvient de Nouvelle-Zélande, sur des bactéries extrêmophiles. Une autre, en chimie analytique, de l'université de Wageningem, aux Pays-Bas. Finalement, le labo néo-zélandais renonce, trop loin. Ce sera donc encore les Pays-Bas. L'histoire se répète.

En 2012, il commence donc un doctorat en chimie analytique. Là encore, on lui demande son niveau en la matière. D'un naturel franc, il répond qu'il n'y connaît absolument rien ! Qu'à cela ne tienne, il entame cette thèse sur le traitement de la biomasse, avec deux objectifs : d'une part, comprendre comment la structure des pailles de blé et de maïs est dégradée par l'acide sulfurique pour rendre accessibles les produits de cette dégradation à des enzymes qui les transforment en sucres simples destinés à la production de biocarburant ; et d'autre part – reprenez votre souffle –, mélanger la paille de blé avec de l'ammoniac (pH très haut) ou de l'acide sulfurique (pH très bas) et analyser l'impact sur la structure de la céréale pour deux entreprises néerlandaises, l'une produisant du compost pour la culture de champignons, l'autre des biocarburants. Il avouera ensuite que la chimie analytique n'était pas du tout sa tasse de thé. Il préfère en effet avoir un recul réflexif suffisant sur son travail, alors que cette discipline nécessite beaucoup de précision.

Aux Pays-Bas, le doctorat est considéré comme un emploi, et cela correspond exactement à sa vision des choses. Les doctorants sont rémunérés pendant quatre ans (trois ans en France), et les universités considèrent qu'on leur doit un an de formation. On encadre les étudiants en Bachelor[23] et en Master durant les cours, ainsi que lors des travaux en laboratoire. Il lui faudra cinq ans et demi pour soutenir sa thèse, ce qui signifie un an et demi sans être payé : « J'étais en retard dans presque tous les domaines, et la

23. Licence ou équivalent.

chimie analytique ne m'intéressait pas plus que ça. C'était compliqué de terminer ma thèse. » Il finit par la soumettre, fier d'avoir pu publier les quatre articles scientifiques nécessaires à sa validation.

Après sa soutenance, un des membres du jury vient à sa rencontre. Il travaille pour une start-up californienne, Bolt Threads, qui produit des biomatériaux, enfin surtout de la soie d'araignée synthétique. « Les ingénieurs de l'entreprise ont séquencé le génome de plusieurs araignées et ont essayé de reproduire les protéines de leur soie et de les faire polymériser dans des fermenteurs avant d'extruder ces polymères et d'en faire de fibres. Cela faisait dix ans qu'ils essayaient d'industrialiser leur technologie sans succès. » Mais comme souvent, ce qui fonctionnait en laboratoire ne fonctionnait plus à l'échelle industrielle.

Face à l'échec de la soie d'araignée, Bolt Threads avait décidé d'élargir son horizon dans les biomatériaux en rachetant, en 2018, le brevet d'une autre start-up américaine, Ecovative, qui fait pousser du mycélium – la racine du champignon – aérien. En principe, le mycélium se développe dans le sol, son substrat, mais Ecovative avait réussi à faire qu'il pousse en hauteur dans des conditions climatiques bien spécifiques. En rachetant ce brevet, Bolt Threads a l'ambition de transformer le mycélium en cuir végétal, pour remplacer n'importe quel cuir, animal ou synthétique. Un biomatériau qui pourrait intéresser de nombreuses filières, du textile aux courroies industrielles, en passant par l'industrie du luxe. Et Bolt Threads a flairé le filon. Problème, la société a des idées pour utiliser le mycélium, mais pas la matière première ni même le savoir-faire pour le faire pousser. Après un an d'essais, elle n'avait toujours pas réussi à passer le cap du changement d'échelle. Elle se tourne donc vers l'université de Wageningen pour l'aider à appliquer son brevet. Un projet de six cent mille euros sur un an, pour avoir enfin du biomatériau ! Thibaut ne cache pas sa satisfaction : « Pour moi c'était parfait, je faisais mon postdoc sur ce projet. En trois semaines, le brevet était craqué. »

Deux semaines plus tard, le pilote passe un premier échelon industriel. Bolt Threads demande alors d'accélérer le projet pour passer aux échelons supérieurs. Thibaut change lui aussi de statut : «Je n'étais plus chimiste, j'étais cultivateur de champignons!», lance-t-il en forme de boutade. Il ajoute : «À l'université, mon travail consistait à transformer le procédé d'Ecovative et à développer des instruments spécifiques pour récolter le mycélium et obtenir un produit de qualité ayant des propriétés stables, qui ne soit pas contaminé et qui puisse être transformé en cuir. La technologie n'existait pas parce que personne ne s'intéressait au mycélium cinq ans auparavant.»

Avec son équipe, Thibaut modifie tous les équipements pour les rendre compatibles avec ce mycélium qui ne réagit comme aucun autre matériau connu. «Ce n'est ni du bois, ni du blé, ni de la farine, ce n'est même pas du champignon, et ça ne réagit pas de la même façon. Ce serait comme dire qu'une pomme va réagir de la même manière que le tronc du pommier, alors que les propriétés sont totalement différentes.» Il lui faut donc caractériser ces racines de champignons pour pouvoir produire la matière souhaitée par Bolt Threads. «J'avais en plus la responsabilité de communiquer avec le siège de Bolt Threads, qui était constamment sur notre dos, et de trouver une chaîne d'approvisionnement fiable aux Pays-Bas.» Ne souhaitant plus produire de mycélium elle-même, l'entreprise américaine choisit de transférer rapidement la technologie à un partenaire néerlandais pour qu'il devienne son producteur de matière première. En effet, ce n'est pas là que se trouve la valeur ajoutée. Transformer le mycélium en cuir en revanche est une vraie valeur ajoutée qui dégagera des bénéfices. Leur idée était donc d'avoir un maximum de producteurs qui travaillent pour eux. Ils ont résolu le problème en sept mois seulement. Leur technologie a été transférée à un industriel néerlandais qui est devenu le principal fournisseur de Bolt Threads, à hauteur de plusieurs tonnes de mycélium par mois actuellement.

Six mois plus tard, Bolt Threads envoie Thibaut à San Francisco présenter son projet à l'ensemble de l'entreprise. Les investisseurs ayant pris la décision de transformer la stratégie de l'entreprise, le jour même, il apprend qu'elle abandonne ses activités avec la soie d'araignées. Tout le personnel est dorénavant affecté à la transformation du mycélium. Une décision très gratifiante pour le jeune chercheur, mais qui a un effet pervers auquel il ne s'attendait pas : « la cessation de cette activité créant des doublons dans l'entreprise, ils devaient se séparer de beaucoup d'employés. Mais j'étais tout de même fier d'avoir réussi à créer un procédé industriel qui a permis de changer radicalement la stratégie d'une entreprise.

Ce succès lui permet de prolonger son stage postdoctoral de six mois pour optimiser le procédé et avec lui les rendements. Cela étant fait, Bolt Threads lui propose de rejoindre ses équipes. Il est partant, mais ne veut pas vraiment s'installer aux États-Unis. Cela tombe bien, l'entreprise souhaite installer sa première filiale aux Pays-Bas pour pouvoir créer un BV[24] et commencer à travailler avec son fournisseur. Mais aussi pour avoir un pied-à-terre en Europe. Thibaut en est le premier employé. Son contrat en tant qu'ingénieur en développement de procédés débute le 1er avril 2020, quelques jours après l'annonce du président Donald Trump de fermer les frontières américaines à cause de la pandémie de Covid-19. «Je devais continuer à développer leur procédé et transformer le mycélium en cuir. Je suis resté quatre mois tout seul en Europe. Ce n'était pas facile, mais ça a été une nouvelle opportunité pour moi.» Bolt Threads lui demande de s'occuper de la location de locaux pour la nouvelle société et de préparer l'installation.

24. Un *besloten vennootschap* (BV) est une forme juridique néerlandaise et belge de société proche de la SARL française.

Son manager, néerlando-américain, est le seul employé de l'entreprise à pouvoir voyager en Europe à partir d'août 2020. Pendant un an et demi, ils développent à deux la filiale néerlandaise de Bolt Threads et rencontrent tous les fournisseurs potentiels en Allemagne, en Autriche, en France et aux Pays-Bas, pour le projet d'usine de cuir de mycélium en Europe. « Je n'ai jamais autant voyagé que pendant les périodes de pandémie de Covid-19 et leurs restrictions sanitaires ! J'étais dix jours chez moi, aux Pays-Bas, et je passais le reste du temps sur la route ou en avion. Je faisais des tests PCR tous les jours. C'était assez étonnant d'arriver dans des pays et des villes où tout est fermé. » Le procédé est envoyé dans une université allemande qui possède un prototype de ligne de production industrielle pour y être développé. « Grâce à ça, nous avons pu dessiner de nouvelles machines pour notre usine et rencontrer des fabricants pour discuter des plans, essayer des machines ou essayer des matériaux sur ces machines. J'ai beaucoup appris sur tous les aspects achat, sur la conception et la personnalisation des machines. C'est un peu le propre des ingénieurs de toucher à la fois aux procédés, à la science qui est derrière et de s'intéresser aux aspects financiers et aux brevets. »

En six mois, l'équipe d'Arnhem s'étoffe et compte trente salariés, tous dédiés au montage de l'usine, dont Thibaut supervise l'installation du procédé de conversion du mycélium. Et pour cause, la demande est forte. En 2019, Bolt Threads a même signé un accord d'exclusivité avec un consortium d'entreprises parmi lesquelles figurent l'atelier de la styliste britannique Stella McCartney et l'entreprise américaine Lulu Lemon, qui propose des accessoires de sport haut de gamme, l'équipementier sportif allemand Adidas, le groupe de luxe français Kering ou encore le géant allemand de l'automobile haut de gamme. « Il y a maintenant un très fort mouvement vers tout ce qui est soutenable, tout le monde veut faire du soutenable. Les grandes entreprises s'engagent auprès de leurs investisseurs et de leurs clients à faire du *green*, à ne plus polluer. C'est écrit dans leur charte. » Et pour cela, elles ont besoin de solutions. Les industries du luxe, du vêtement et du textile sont parmi les plus gros pollueurs de la planète de par leur utilisation massive de produits issus du pétrole et de produits issus de l'élevage et de l'agriculture intensifs. Une de ces solutions pourrait donc être le cuir végan (*vegan leather*). « La stratégie de Bolt Threads n'est pas de s'attaquer au marché du cuir animal parce qu'il n'y a pas mieux sur le marché que des peaux d'animaux pour faire du cuir. En revanche, les cuirs synthétiques représentent entre 80 % et 90 % du marché mondial du cuir. Prendre ne serait-ce que 1 % de part de marché du cuir synthétique représente des milliards d'euros ! » Certes, cela a un coût. Alors que la production de plastique coûte quelques dizaines de centimes d'euros le mètre carré, le cuir animal, lui, avoisine les trente à cinquante euros le mètre carré selon l'animal. Mais cela n'inquiète pas Thibaut. « Notre procédé est encore au-dessus des prix du marché, mais plus nous monterons en échelle, plus le coût diminuera. Nous pourrons atteindre par exemple le marché de la chaussure, avec un coût de production de quinze euros le mètre carré. Un bœuf met trois ans pour atteindre sa taille adulte, le mycélium pousse en neuf jours. Les rendements vont augmenter très rapidement et nous pourrons rapidement inonder le marché d'un nouveau matériau qui n'existe pas encore. » Apparemment, la liste d'attente des entreprises qui veulent faire affaire avec Bolt Threads pour avoir accès à ses biomatériaux est déjà longue, ne serait-ce que pour obtenir des échantillons.

Quand on lui demande s'il est optimiste quant au succès du cuir de mycélium, Thibaut n'en démord pas. « Ça va exploser parce que la demande est là, de la part des clients et des investisseurs. Beaucoup de biomatériaux arrivent sur le marché. Le seul problème, c'est que ceux qui créent des biomatériaux veulent qu'ils aient des propriétés mécaniques similaires à celles du cuir ou du plastique alors qu'en fait on introduit un nouveau matériau sur le marché. Le nôtre a les propriétés mécaniques et physiques du mycélium. Nous arriverons sans doute à obtenir un matériau semblable à du cuir, mais, au final, notre stratégie est de sortir complètement du cuir, de dire que nous ne faisons pas du cuir, mais du mycélium. » S'attaquer à une niche de marché pour en créer une autre. « Certains continueront à faire du cuir, d'autres du plastique, nous, nous ferons du Mylo. » Mylo, c'est le nom que l'équipe marketing de Bolt Threads a choisi pour son matériau à base de mycélium. « "My" pour mycélium, et "lo" parce que ça sonnait bien ! »

La concurrence s'annonce rude dans la filière des biomatériaux, qui se veut propre, durable et surtout, à terme, rentable. Sans parler du « *greenwashing* » – « écoblanchissement » en français, une technique de marketing qui fait passer des produits ou des actions pour écolos alors qu'ils ne le sont pas ou très peu – dont certaines entreprises des secteurs traditionnels abusent sans vergogne pour se donner une image plus en adéquation avec la grande préoccupation du moment. Bolt Threads a bien compris l'enjeu dans sa façon de parler de son produit. « Pour changer de paradigme, il faut que le produit soit accepté par tous, que ce produit devienne la marque, comme Frigidaire ou Escalator. » Une marque capable de glisser dans notre vocabulaire au quotidien, cela ne se fait pas du jour au lendemain. Mais il faut bien commencer avec un nom. Bolt Threads insiste sur le fait qu'elle ne vend pas du cuir végétal, mais du Mylo. Et ça marche. « Comme nous avons axé notre *branding*[25] sur le nom du produit et pas uniquement sur le nom de l'entreprise, pour nos clients actuels et à venir, le cuir de mycélium c'est forcément du Mylo. »

Pour Thibaut, c'est inéluctable, la révolution verte est en marche, et elle est biotech, à n'en pas douter. « Plus l'industrie du biomatériau prendra de l'ampleur, plus elle colonisera de niches qui n'existent pas encore et cela ouvrira la voie à de nouveaux marchés et à une production moins coûteuse à l'achat. D'autant plus qu'on ne produit pas à partir de produits pétroliers, mais à partir des coproduits d'autres industries et en consommant moins de ressources en eau. C'est là que se situera le plus gros avantage dans le futur. »

Voilà maintenant onze ans qu'il vit aux Pays-Bas, un pays dont la topographie le rend vulnérable aux changements climatiques et qui l'a bien compris. Thibaut s'y sent bien. Ce profil atypique, devenu ingénieur projet dans une entreprise écocompatible, ouvre la voie à cette nouvelle génération de scientifiques et d'ingénieurs pour laquelle le but comptera tout autant que le chemin.

25. Positionnement de marque.

# 1.5

# Une culture très spatiale !

D'après un entretien avec
Cyprien Verseux

Diplômé en ingénierie des biotechnologies de l'école Sup'Biotech de Paris-Villejuif, Cyprien Verseux est astrobiologiste. Il dirige actuellement le Laboratoire de microbiologie spatiale appliquée au ZARM (Center of Applied Space Technology and Microgravity), institution scientifique allemande de l'université de Brême. Il a participé en 2015 au programme d'exploration scientifique HI-SEAS IV de l'université d'Hawaï, au cours duquel une équipe simulait la vie dans un habitat sur Mars. Il a passé son année 2018 à la station antarctique Concordia, en tant que chef de base.

De tout temps, l'humanité a regardé vers les étoiles. Qu'y a-t-il là-haut, au-delà de nos frontières terrestres ? En savoir plus sur notre voisinage immédiat est devenu plus pressant dès lors que nos besoins sont sur le point de dépasser les capacités de notre bonne vieille Terre. Si vivre sur une des planètes qui nous entourent n'est pas à l'ordre du jour, de multiples recherches explorent la possibilité d'y installer des cultures de façon durable pour, un jour peut-être, y établir une mission. L'astrobiologiste Cyprien Verseux est l'un de ces chercheurs qui, la tête dans les étoiles, mais les pieds sur terre, ouvrent la voie aux voyages habités vers ces nouveaux horizons.

Dès 2015, en véritable précurseur, Cyprien Verseux part pour un an de « confinement » sur une île quasi déserte de l'archipel d'Hawaï pour effectuer une mission de simulation de la vie[26] en quasi-autonomie, d'une équipe scientifique dans un camp de base martien. Année durant laquelle le jeune chercheur alors âgé de vingt-cinq ans mène des recherches sur la culture en conditions spatiales de fruits, légumes et micro-organismes pour subvenir aux besoins alimentaires d'une future mission sur la planète rouge. Il sera de retour chez lui fin 2016 pour terminer sa thèse de doctorat.

Au début janvier 2018 : changement de climat. Cyprien part vers d'autres latitudes, destination l'Antarctique. C'est dans la station de recherche franco-italienne Concordia[27], construite sur le site du Dôme C, une calotte glaciaire de 3300 m d'épaisseur, qu'il terminera et défendra sa thèse, à plus de 15 000 kilomètres de l'université de Rome, Tor Vergata, et du Ames Research Center de la NASA, en Californie, ses deux tutelles. Il passera un an sur le continent blanc en tant que chef de base et glaciologue.

Quel est le lien entre l'Antarctique et l'espace ? Pour Cyprien, il est évident. « L'Agence spatiale européenne considère que la base Concordia est ce qui se rapproche le plus d'une base sur la lune ou sur Mars parce que les missions y sont effectuées en isolement total pendant neuf mois. » Au cours de cette période, personne ne peut quitter ni rejoindre la base. Dehors, avec des températures atteignant les -80 °C, il fait trop froid pour que les avions puissent atterrir, et durant l'hiver austral, la nuit dure vingt-quatre heures. En outre, les communications avec l'extérieur sont rares, car la bande passante y est très faible et réservée en priorité aux

26. Il s'agit de la Mission HI-SEAS IV (Hawaii Space Exploration Analog and Simulation, soit Simulation et analogue d'exploration spatiale à Hawaii), un programme d'exploration scientifique développé conjointement par l'université d'Hawaï et la NASA.

27. Concordia est une station franco-italienne opérée par l'institut polaire français et l'institut polaire italien.

équipements. Sans technologies, l'environnement peut être létal. Bref, les scientifiques sont vraiment isolés, comme ils pourraient l'être sur Mars.

Cyprien y retrouve le même profil d'équipiers qu'il imaginait pour un voyage martien, le même mode de vie, avec un cycle jour-nuit qui n'est pas naturel et peu de ressources en oxygène. Un ensemble de conditions quelque peu exotiques qui permettent de simuler de façon relativement efficace les effets que pourraient ressentir des astronautes qui iraient gambader sur d'autres planètes. Et cela intéresse grandement les agences spatiales désireuses de savoir comment le corps humain s'adapte à ces environnements extrêmes, même si ce n'est pas le but premier de la base. « Concordia a été créée pour d'autres sciences : les sciences de la Terre, l'astronomie, mais aussi la psychologie. L'Agence spatiale européenne n'en est qu'un partenaire privilégié. » En effet, la station ne lui appartient pas, elle est gérée par l'Institut polaire français Paul-Émile Victor et le Programme national italien de recherche en Antarctique. Mais chaque année, l'Agence détache un médecin chercheur sur la base pour observer l'adaptation des équipiers à cet environnement hostile, avec comme objectif de contribuer à la préparation de contre-mesures pour les astronautes qui iront sur la Lune ou sur Mars.

2019, c'est le retour au chaud. L'université allemande de Brême lui offre l'opportunité de créer son propre laboratoire de microbiologie spatiale appliquée[28]. « Nous avons démarré dans une salle vide et, petit à petit, le laboratoire s'est développé, se souvient-il. Aujourd'hui, nos projets prennent peu à peu de l'ampleur. »

28. Laboratoire de microbiologie spatiale appliquée au ZARM (Center of Applied Space Technology and Microgravity), institution scientifique allemande de l'université de Brême.

### Une bactérie en mission

Dans son laboratoire de l'Université de Brême, Cyprien souhaite développer des solutions biotechnologiques en soutien aux futures bases sur la Lune et sur Mars. « L'idée est de cultiver des microbes capables d'utiliser les ressources disponibles sur Mars. Ils pourraient alors être utilisés pour produire des nutriments destinés à d'autres organismes, microbiens ou végétaux, qui pourraient, à leur tour, produire de l'oxygène, de la nourriture ou encore des médicaments. » Ingénieux, n'est-ce pas ? Le prix au kilogramme de la charge envoyée sur Mars étant excessivement élevé, embarquer de la terre coûterait beaucoup trop cher. Sans compter le risque que le ravitaillement n'arrive pas à destination.

L'objectif recherché est de rendre les missions durables. « Le but n'est pas d'aller sur Mars simplement pour y planter un drapeau et y laisser une empreinte de pas, mais de pouvoir y rester suffisamment longtemps pour y mener des recherches. » Un peu sur le modèle des bases en Antarctique.

Envoyer une mission permanente, avec des équipages qui se relaient, tel est donc l'objectif conjoint de l'Agence spatiale européenne et de Cyprien. Le jeune chercheur travaille donc moins à un produit final qu'au fait d'alimenter des procédés biotechnologiques à partir de ce que recèle le sol martien. II est le « maillon fort » d'une chaîne contribuant aux systèmes de maintien de la vie. La prospection, c'est le travail des Rovers, des Orbiters et de tous les robots qui ont déjà été (ou seront) envoyés dans l'atmosphère et sur le sol martien. « Nous avons déjà une idée de ce qu'il y a dans le sol et dans l'atmosphère. Maintenant, il faut étudier ce que l'on peut faire à partir de ces données pour comprendre comment, à partir du régolithe[29] martien, de quelques gaz à basse pression dans l'atmosphère et de l'eau sous différentes formes, on peut ali-

29. Fine couche de matériaux présente à la surface de certaines planètes. Sur Terre, le sol, le sable. Sur Mars, la poussière, les cailloux.

menter des biotechnologies par l'intermédiaire d'organismes producteurs primaires, capables d'utiliser les ressources martiennes presque directement et d'alimenter d'autres bioprocédés.»

Les cyanobactéries pourraient ainsi trouver dans le régolithe les métaux dont elles ont besoin, mais aussi du phosphore et du soufre. Elles pourraient également extraire de l'atmosphère martienne le carbone et l'azote nécessaires à leur métabolisme. Et puis il y a l'eau. «Lorsque l'on dit qu'il n'y a pas de preuve formelle de la présence d'eau sur Mars, on parle d'eau liquide qui n'est pas saturée en sel. En revanche, on sait qu'il y a de l'eau sous différentes formes : sous forme de glace, sous forme d'hydratation des minéraux et sous forme de vapeur d'eau dans l'atmosphère. Il faut bien sûr suffisamment d'énergie pour pouvoir l'extraire et la collecter. Et à partir de tous ces ingrédients, associés à l'énergie solaire, il devient possible de cultiver des cyanobactéries. Mais l'eau liquide, on la cherche encore.»

Tous les éléments de base pour cultiver des micro-organismes sur Mars ou la Lune sont donc présents, mais sous une forme que la plupart des organismes ne peuvent *a priori* pas utiliser directement. D'où la nécessité d'avoir recours à des intermédiaires. «Nous avons commencé par regarder ce qui était déjà connu sur les cyanobactéries pour faire une présélection, puis nous nous sommes concentrés sur un genre en particulier, le genre *Anabæna* (ou Nostoc, la classification est encore un peu floue, ce genre de cyanobactéries étant constitué de plusieurs genres très proches les uns des autres).» Et pour cause, les cyanobactéries qui constituent le genre *Anabæna* sont capables de fixer l'azote et d'extraire les nutriments de sols analogues au sol martien. Parmi les cyanobactéries de ce genre, le chercheur et ses collaborateurs en présélectionnent cinq souches plutôt robustes, qui poussent relativement vite et qui permettent des cultures relativement homogènes. Ils en comparent le génome pour voir si certaines produiraient trop de toxines, effectuent des tests pour évaluer leurs capacités à utiliser les ressources martiennes, par exemple leur capacité à extraire des éléments du sol, à résister à des concentrations élevées de produits toxiques qui y sont présents, ou encore à alimenter d'autres organismes. Après plusieurs tests réalisés avec la bactérie *Escherichia coli* – bien connue des médecins et des personnes atteintes de gastro-entérite – et une espèce de lentille d'eau[30] pour modèle végétal, c'est finalement la souche *Anabæna sp.* PCC 7938 qui est sélectionnée.

Les bactéries pourraient être utilisées pour faire ce que l'on appelle du «*biomining*», c'est-à-dire extraire du métal du sol martien. «De nombreuses applications qui, sur Terre, sont réalisées par d'autres moyens pourront, dans l'espace, être réalisées de façon plus efficace par des microbes.» La production de biomatériaux par exemple, ou celle d'oxygène, de nourriture, de médicaments et de biocarburant. Et même la détoxification des sols (bioremédiation) : «Nous travaillons aussi sur des microbes capables de réduire le perchlorate, un composé toxique contenu dans le sol de Mars, ce qui permettrait d'utiliser plus efficacement le régolithe.»

L'avantage d'une cyanobactérie c'est qu'elle est autonome ou presque. En effet, pour qu'elle puisse se développer, il faut une certaine température et du carburant pour alimenter le réacteur dans lequel elle croît. Des coûts énergétiques sont donc à prévoir. Les microbes restent malgré tout une solution intéressante pour les voyages spatiaux.

### Exobiotechs

Sur Mars, les ressources sont très limitées. On y trouve essentiellement du $CO_2$ et de la roche. Et les coûts d'un vol spatial sont tels que la quantité de ressources que l'on peut envoyer est aussi

30. L'équipe a réussi à cultiver des lentilles d'eau en tant que plante supérieure riche en nutriments, en utilisant des extraits de la biomasse de cyanobactéries comme seule matière première.

très limitée. Impossible donc de se permettre le moindre gaspillage. « Il est nécessaire de recycler au maximum ce qui peut l'être et de parvenir à exploiter le $CO_2$ et les sols difficiles de Mars. Si nous y parvenons sur Mars, on peut imaginer transférer assez facilement certaines des technologies développées là-bas pour développer, sur Terre, des biotechnologies très efficaces peu gourmandes en ressources et qui consomment du $CO_2$ plutôt que d'en produire. » Les biotechnologies « martiennes » pourraient donc s'avérer profitables aux populations souffrant déjà des conséquences du réchauffement climatique. « Dans les pays où les sols sont peu fertiles et où l'eau douce est une denrée rare, le développement de technologies qui utilisent peu de ressources permettrait d'avoir des systèmes de production durables dans ces zones fragiles. Cela pourrait se traduire simplement par la présence, dans les industries terrestres, de systèmes qui recyclent beaucoup plus et beaucoup plus efficacement. » Cyprien a même déjà imaginé la suite du processus : « Avec les cyanobactéries ou d'autres bioprocédés les utilisant, on pourrait valoriser des ressources considérées aujourd'hui comme peu utiles, voire problématiques, comme le $CO_2$ ». Pour faire court, des industries propres et décarbonées (« bas carbone », dit-on aujourd'hui) qui consommeraient plus de $CO_2$ qu'elles n'en génèrent.

Abordons une autre problématique, celle des métaux rares indispensables à la fabrication de nos smartphones et de la plupart de nos équipements électroniques. Là encore, les micro-organismes ont une carte à jouer pour éviter les pollutions chimiques qui accompagnent l'extraction des minerais. Cyprien précise que « l'extraction de certains métaux par des procédés biotechnologiques se fait déjà sur Terre, dont un gros pourcentage grâce à des microbes qui permettent de le faire de façon beaucoup plus propre ». Car extraire des métaux de sols peu concentrés en métaux nécessite aujourd'hui d'utiliser des produits extrêmement toxiques pour l'environnement. Il ajoute : « On ne peut évidemment pas encore tout faire avec des microbes, mais ils peuvent remplacer une partie de cette activité. » Certaines souches microbiennes sont capables de récolter les métaux d'appareils usagés. Une application qui n'est évidemment pas réservée aux seules missions martiennes, les recherches dans le domaine spatial bénéficiant tôt ou tard à la Terre… et vice-versa.

### Le grand voyage

La grande question maintenant est de savoir quand toutes ces merveilles de biotechnologies développées sur Terre seront envoyées sur Mars pour accomplir leurs prodiges. Le premier voyage vers la planète rouge est prévu pour la fin des années 2030. Mais selon Cyprien, il sera très certainement repoussé. Pessimiste ? Non. Pour lui, ce serait tout à fait faisable d'un point de vue technologique. « Cette date a été choisie parce qu'il fallait en choisir une ». En réalité, cela dépendra en grande partie des décisions politiques, en particulier de celles du gouvernement américain qui change régulièrement au gré des élections. Impossible donc d'avoir une vision à long terme quant au retour de l'humanité sur la Lune, et encore moins pour un premier voyage vers la planète rouge. Les programmes et les investissements sont là, mais ils ne sont pas encore à la hauteur de ce qui est alloué à d'autres secteurs, par exemple le domaine militaire. « En étant réaliste, je pense qu'il pourrait y avoir des missions sur Mars dans les décennies qui viennent si l'humanité tout entière ou ses composantes qui jouent un rôle important dans le développement des missions spatiales le décident et l'impulsent collectivement. Aujourd'hui, rien n'est gagné. » La compétition dans la course à l'espace est rude, mais Cyprien reste plutôt optimiste : « Cela va peut-être stimuler un peu le secteur. »

Les vols « privés » quant à eux dépendent beaucoup des agences spatiales pour leur financement. L'entreprise américaine SpaceX propulse déjà les navettes et les satellites américains. La NASA lui déléguera peut-être une partie de ses vols, ce qui rendra la compétition d'autant plus concrète. «Je suis optimiste, pas devin, donc je dirais qu'il est tout à fait possible que le premier vol pour Mars soit réalisé par une entreprise privée. En fait, je ne serais pas surpris qu'on soit sur Mars dans les toutes prochaines décennies.»

Mais beaucoup de chemin reste à parcourir avant que l'humanité pose le pied sur la planète rouge pour y installer une base, avant que les biotechnologies soient reconnues comme ayant permis d'apprivoiser un nouveau territoire pour le rendre habitable, d'abord partiellement, puis peut-être intégralement. La terraformation, fantasme de bon nombre d'écrivains de science-fiction qui en ont fait le terreau de leurs histoires, Cyprien la conçoit, mais à très très long terme! «Mars ne sera jamais habitable comme la Terre. Il serait beaucoup plus facile de faire en sorte que la Terre demeure habitable que de rendre habitable une autre planète.»

Visiter l'espace, le toucher, fait toujours rêver Cyprien. En attendant, il s'est lancé un autre défi : l'écriture d'un roman sur une équipe de chercheurs en mission à Concordia. C'est là qu'il a commencé à l'écrire, sur le sol glacé de l'Antarctique, perdu dans l'immensité, les yeux rivés au ciel.

# II

# Que mangerons-nous demain ?

« Il est évident que la nourriture normale de l'homme est végétale »
Charles Darwin, naturaliste

Dix milliards. C'est l'estimation de la population humaine sur Terre en 2050 selon les projections des scientifiques. Dix milliards, alors que nous ne parvenons toujours pas à subvenir aux besoins en nourriture et même en nutriments de près d'un sixième de l'humanité. Une précarité intimement liée aux conditions climatiques particulières de certaines régions du globe et aux conflits. Fléaux auxquels il faut ajouter la maladie.

Des plans nationaux et internationaux d'aide aux populations victimes de cette précarité alimentaire sont déployés, à grand renfort de spots publicitaires larmoyants qui incitent plus à culpabiliser qu'à s'impliquer au quotidien. Dans les années 1980, c'était l'Éthiopie ; dix ans plus tard, la Somalie ; aujourd'hui, le Yémen. On s'émeut périodiquement devant les images d'enfants squelettiques et leurs mères en pleurs désespérées de les voir mourir ainsi. Mais rien n'y fait, la situation ne semble pas évoluer, et les plus pauvres restent les plus précaires.

Pourtant, les actions à mener pour maîtriser les décès liés d'une part à la famine, et d'autre part à la suralimentation ou à la malbouffe sont évidentes. Nous connaissons tous les paramètres pour combattre cette inégalité face à l'assiette. Il faut éradiquer le gaspillage des aliments, freiner la production massive et même excessive, et surtout, réduire la consommation de ressources nécessaires à cette production, en particulier de l'eau.

Pour cette partie dédiée à l'alimentation, il fallait un passeur, une personne capable de faire le pont entre la nécessité de manger pour vivre et celle que tout le monde puisse vivre donc manger. Ce grand témoin, c'est Hervé This, co-créateur de la gastronomie moléculaire et de la cuisine moléculaire, inventeur de la cuisine de synthèse. Depuis plus de quarante ans, ses travaux à la lisière des sciences et de la gastronomie ont mis au jour de nouvelles façons d'appréhender la cuisine et l'alimentation. Et d'autres encore de regarder vers l'avenir.

# 2.1

# La science à portée de bouche

Entretien avec
Hervé This

Hervé This est physico-chimiste. Il est l'inventeur avec le physicien britannique Nicholas Kurti de la gastronomie moléculaire, mais aussi de la cuisine moléculaire, deux façons d'appréhender les deux disciplines par le prisme des composants biochimiques que renferment les aliments, leurs interactions, leur transformation et leur combinaison. Il est l'auteur de plusieurs ouvrages et d'un blog.

**Vous êtes à l'origine d'un style de cuisine que l'on pourrait qualifier de «scientifique»**

Ce n'est pas une cuisine scientifique, mais une cuisine qui bénéficie de résultats obtenus par les sciences, notamment par celle nommée «gastronomie moléculaire». Ce que je fais n'est pas de la technologie, mais de la science fondamentale, et plus précisément de la physico-chimie, qui cherche, ou plutôt qui explore les mécanismes des phénomènes qui ont lieu quand on cuisine. La cuisine est une technique. Si on l'étudiait en vue de l'améliorer, nous ferions de la technologie culinaire, ce qui n'est pas mon métier. Moi, j'utilise la cuisine pour identifier des phénomènes que j'explore, et c'est cela que nous avons nommé «gastronomie moléculaire». C'est une discipline scientifique qui se sert de la cuisine comme d'un support pour faire des découvertes. Ce n'est pas de l'application.

La confusion entre gastronomie moléculaire et cuisine moléculaire est courante. J'ai introduit formellement en 1988 (avec le physicien britannique Nicholas Kurti) le terme de gastronomie moléculaire et physique, qu'on abrège souvent en gastronomie moléculaire. Simultanément, nous avons instauré, ce que j'ai appelé plus tard en 1999, la « cuisine moléculaire », qui n'est pas la gastronomie moléculaire. Cette cuisine moléculaire, c'est de la cuisine puisqu'on en reprend le terme, mais l'idée était de faire entrer en cuisine des ustensiles provenant des laboratoires de physique, de chimie et de biologie, des évaporateurs rotatifs et de l'azote liquide par exemple. La confusion entre cuisine moléculaire et gastronomie moléculaire naît du fait que c'est la même personne qui a créé la gastronomie moléculaire, qui est une science, et la cuisine moléculaire, qui consiste à cuisiner avec des outils et des méthodes modernes sortis des laboratoires de physique et chimie. La cuisine moléculaire a été une étape. Tout le monde la pratique aujourd'hui en cuisinant à basse température et grâce à l'emploi d'ustensiles et des techniques modernes. Mais c'est devenu une cuisine de grand-père.

La vraie nouveauté, c'est ce que j'appelle la cuisine « note à note ». C'est de la cuisine de synthèse, comme il existe de la musique de synthèse. Il n'y a plus de fruits, plus de légumes, plus de viande, plus de poisson, mais des composés purs avec lesquels on élabore des plats. Ce n'est donc pas de la gastronomie moléculaire, c'est de la cuisine.

Au laboratoire, avec mon groupe de recherche, nous ne faisons que de la science. Ma passion, ma mission, c'est la science. Pendant longtemps, j'ai promu la cuisine moléculaire. Aujourd'hui, je tente de la supplanter par la cuisine de synthèse. Les chefs qui en sont restés à la cuisine moléculaire sont dépassés, tout comme le jazz New Orleans. La cuisine note à note, ça c'est très moderne !

**La cuisine note à note**

La cuisine note à note consiste à cuisiner en utilisant, non pas des ingrédients traditionnels, mais des composés purs, extraits des aliments ou synthétisés. En les combinant, on peut obtenir la consistance, la couleur, la saveur, l'odeur ou les apports nutritifs d'un plat. On peut ainsi créer des combinaisons infinies et totalement inédites[31].

Depuis dix ans déjà, il existe un concours international de cuisine note à note, organisé par AgroParisTech[32], qui a lieu chaque année et auquel participent des étudiants et des professionnels. En 2050, il me semble qu'une des voies pour nourrir dix milliards d'êtres humains, ce sera la cuisine note à note. C'est important pour l'alimentation du futur.

D'ailleurs, les imprimantes 3D, qui commencent à se développer en cuisine n'utilisent pas de fruits, de légumes et de poisson. Elles ont initialement fait usage de ces produits broyés, mais font de plus en plus usage de cuisine note à note. Ces imprimantes sont en train de m'aider à installer la cuisine note à note qui, par ailleurs, se développe partout dans le monde. On oublie la France, qui est un tout petit pays sur cette thématique, mais à Hong Kong, par exemple, j'ai développé, avec une très importante école de cuisine, des cours de cuisine note à note vendus dans toute l'Asie. Et avec Le Cordon bleu, l'institut d'arts culinaires de Paris, ces cours sont dispensés dans trente et un pays.

31. Voir Hervé This, « La cuisine note à note : une cuisine novatrice nourrie de science », sur inrae.fr.

32. Voir « 10e concours international de cuisine note à note », sur agroparistech.fr.

### Vous voulez « tuer la cuisine moléculaire », votre bébé. Pourquoi ?

C'est un peu brutal, mais c'est pour signifier que cela a été une étape, il y a quarante ans. En matière artistique, quarante ans, c'est deux générations. C'est pour cela que je dis que c'est une cuisine de grand-père. C'est un peu comme jouer du jazz New Orleans aujourd'hui. Ce qui m'intéresse, c'est de développer la cuisine, de la perfectionner, par exemple en limitant la consommation d'énergie ou en s'attaquant au gaspillage qui représente en moyenne 30 % de ce qui est produit. Aujourd'hui, on nourrit sept milliards d'humains, demain il faudra en nourrir dix. Si l'on supprimait ce gaspillage, nous arriverions à en nourrir neuf ! Il faut donc se concentrer sur cette variable qu'est le gaspillage.

La cuisine note à note possède d'autres atouts, notamment de ne pas utiliser de produits frais. Le frais consomme du froid, donc beaucoup d'énergie. Il y a des pertes, beaucoup de fruits et de légumes s'abîment. En fractionnant directement à la ferme, on pourrait procurer au public les ingrédients nécessaires à la cuisine note à note, qui parvient, elle, à éviter des pertes.

À côté de la question de la sécurité alimentaire, il y a aussi celle de l'énergie et celle de l'eau, qui devient très importante. La cuisine de synthèse peut apporter des solutions à cette question. C'est pour cela que je crois utile d'intéresser le public à cette cuisine note à note sans attendre.

### Pourquoi ce terme de cuisine note à note ?

Parce que j'aime la comparer à la musique de synthèse. Il y a deux siècles, on jouait de la musique avec des violons et on cuisinait avec des carottes. Quand vous cuisez une carotte dans une casserole, vous avez un goût de carotte, quand vous jouez du violon, vous entendez un son de violon. Mais il y a un siècle, on a découvert que les sons sont des sommes d'ondes sonores de fréquence pure. À la même époque, on a découvert que les aliments sont faits de composés purs : de l'eau, de la cellulose, de l'éthanol, du saccharose, du glucose… Dans l'idée, c'est pareil. Puis, il y a cinquante ans, on a commencé à ajouter les ondes sonores pures les unes aux autres pour faire les premières musiques de synthèse. Et aujourd'hui la musique de synthèse est partout. Il n'y a quasiment plus de musique normale, naturelle à la radio, et même les chanteurs utilisent des boîtes à sons.

La cuisine de synthèse, c'est la même chose. On prend des composés purs avec lesquels on construit des plats. On en crée la saveur, l'odeur, la consistance, les propriétés nutritionnelles, on règle les problèmes allergiques… On élabore absolument tout et on obtient un plat sur mesure. Si on veut qu'il soit bleu ou jaune, ferme ou tendre, avec un goût de champignon, tout est possible. Mais reproduire des goûts classiques n'est pas le plus passionnant. Pour filer de nouveau la métaphore musicale, avec un synthétiseur, il est beaucoup plus intéressant de créer de nouveaux sons que de reproduire ceux d'un violon par exemple. C'est beaucoup plus excitant !

Après il n'est pas obligatoire d'utiliser des composants parfaitement purs. Prenons l'huile de tournesol comme exemple. C'est un mélange de triglycérides, qui n'a pas grand goût. À quoi bon séparer ces triglycérides, qui ont des propriétés chimiques et physiques voisines ? Autre exemple, la fécule de maïs, qui est de l'amylopectine à 85 %. Que gagnerait-on à la purifier davantage ? C'est pour cela que je distingue une cuisine note à note « pure », qui serait absolument de synthèse, et une cuisine note à note « pratique », qu'il est possible de faire chez soi sans difficulté. Un enfant peut le faire. C'est d'ailleurs un concurrent âgé de douze ans qui a gagné notre quatrième concours. Et il était au fin fond des Pyrénées !

C'est vraiment une cuisine complètement sur mesure, comme on fait le son que l'on veut avec un synthétiseur.

**Quelle est l'idée derrière ce concept ? Obtenir un goût qui soit le meilleur possible conjugué à une texture et un aspect visuel qui soient aussi les meilleurs possibles ? Les plus tentateurs ? Ou est-ce simplement d'expérimenter de nouvelles sensations gustatives ou olfactives ?**

La cuisine, chacun en fait ce qu'il veut. Certains voudront sauver la planète, d'autres, donner à manger en suffisance à tout le monde. Dix milliards d'êtres humains, en 2050, ce ne sera pas un cap facile à franchir. Si un tiers de l'humanité n'a pas à manger à cette échéance, ce sera une nouvelle guerre mondiale ! Nous avons donc tout intérêt à faire attention.

Personnellement, j'ai introduit la cuisine note à note comme une idée évidente, inéluctable. Quand j'y ai pensé, je me suis dit qu'il fallait tester cette approche parce que c'est une piste, comme l'a été la cuisine moléculaire avant elle. Mais son importance dépasse de beaucoup cette dernière. Les personnes allergiques, notamment, sont très réceptives à la cuisine note à note. Par exemple, ceux qui sont allergiques aux fruits de mer ne peuvent pas ou plus apprécier leur goût. C'est regrettable, non ? Pour qu'ils puissent retrouver cette saveur, il suffit de reproduire un goût de fruits de mer sans le composé allergène. C'est véritablement une autre façon de cuisiner.

Pour économiser de l'énergie, il y a des moyens de cuisiner de manière beaucoup moins énergivore que la cuisine classique. Je ne sais pas si le chiffre est connu, mais des milliers de camions apportent des produits frais à Paris chaque jour. Une tomate, c'est 95 % d'eau. Donc un camion qui transporte dix tonnes de tomates transporte en réalité neuf tonnes et demie d'eau ! Ce n'est pas raisonnable ! La cuisine note à note est une façon raisonnée de cuisiner avec une consommation d'énergie bien différente.

Restons sur l'exemple des tomates, elles sont cultivées dans des zones où il fait chaud et où il y a peu d'eau. En fin de compte, ceux qui les cultivent exportent leur eau, une ressource dont ils ne disposent déjà pas beaucoup. Ce n'est pas utile. Cela coûte de l'énergie pour le transport et de l'eau pour ceux qui les produisent.

Et ce ne sont-là que quelques-uns des aspects pour lesquels la cuisine note à note s'impose.

Votre position par rapport à la cuisine est-elle celle d'un lobbyiste ?

La promotion de cette cuisine note à note, c'est mon militantisme, pas mon métier de scientifique. Mon quotidien se passe au laboratoire. La cuisine note à note, j'en ai eu l'idée en 1994. Je pense qu'elle est importante. Mais je suis payé par l'Institut national de recherche pour l'agriculture, l'alimentation et l'environnement (INRAE) pour faire de la recherche scientifique à AgroParisTech, donc j'en fais, tous les jours, du matin jusqu'au soir, dans cette branche de la physico-chimie qui a été identifiée sous le nom de gastronomie moléculaire. Mais je n'oublie pas que j'ai une responsabilité politique et, de ce point de vue, je ne perds pas mon temps à regarder les infos pour entendre des gens se plaindre du fait qu'il fasse chaud ou qu'il y ait la guerre. Je suis très actif, et le temps politique que je détourne de ma recherche pour la mettre au service de la société, je le passe notamment à la promotion de la cuisine note à note. Mais pas seulement.

Je participe entre autres à la rénovation des études supérieures et à une réflexion sur les bonnes pratiques de recherche. Et la cuisine note à note fait partie de la tâche politique que je me suis donnée, comme avec la cuisine moléculaire auparavant, qui est entrée dans les mœurs culinaires. Les gens en font au quotidien. La cuisson basse température est dans tous les fours domestiques des enseignes d'électroménager. C'est une retombée de la cuisine moléculaire et cette cuisine moléculaire, aujourd'hui les gens en font sans le savoir. J'étais récemment dans un restaurant dont le chef est venu me saluer. Je lui ai appris qu'il faisait de la cuisine moléculaire parce qu'il utilisait un siphon.

L'objectif est de simplifier la vie lorsque nous cuisinons. Moi, je ne veux pas que les cuisiniers cuisinent comme au Moyen Âge. Aujourd'hui, ils ne peuvent plus se le permettre. Il y a dix ans, j'ai vu un cuisinier écumer un bouillon pendant deux heures, debout, avec une louche. Pourquoi refaire cela aujourd'hui, alors qu'il suffit d'une ampoule à décanter et d'un filtre de laboratoire ? Ce n'est plus raisonnable de cuisiner de cette façon, dans le stress et la chaleur, c'est un métier qui doit évoluer ! C'était ça l'idée de la cuisine moléculaire : faire en sorte que ce métier, qui semble difficilement tenable, laisse davantage de temps aux cuisiniers et aux cuisinières pour se consacrer à leur art et leur permettre de mieux gagner leur vie.

Aujourd'hui, la révolution de la cuisine moléculaire est accomplie. Tout n'est pas réglé, mais l'idée est là. Les matériels sont désormais disponibles pour le grand public. Il est maintenant temps de passer à la suite, qui va déterminer des façons encore différentes de cuisiner. Peut-être que l'ampoule à décanter ne servira plus à rien, et que des techniques émergentes, comme l'imprimante 3D alimentaire, seront capables de créer des plats. La machine est là pour effectuer les tâches les plus harassantes et pour que nous puissions prendre le temps de réfléchir à la conception des plats. L'armée l'a très bien compris et la NASA aussi. Nous n'irons pas cuisiner avec des casseroles dans l'espace, sur Mars, sur la Lune ou même dans la station spatiale.

Il y existe sans doute une façon plus intelligente de faire les choses en mettant un peu de côté tout ce passé traditionnel. Le terme « traditionnel » est parfois connoté positivement, mais la tradition n'est pas toujours une bonne chose. La pratique de l'esclavage, par exemple, était une tradition qui a été abolie, et l'on ne peut que s'en réjouir.

Observons sans a priori et décidons en responsabilité de ce que nous voulons faire. Pour cela, il faut connaître l'éventail des possibilités qui s'offrent à nous. Mais interrogeons-nous d'abord sur les véritables défis alimentaires pour les prochaines générations. Que vont-elles manger en 2050 ? Ne pas se poser cette question est aujourd'hui irresponsable !

Que pensez-vous des alternatives comme la viande cellulaire[33] ?

On ne doit pas appeler ça de la viande cellulaire, c'est un terme malhonnête. Il est déjà interdit dans quelques pays. Avec quelques confrères, nous avons organisé un colloque à l'Académie d'agriculture auquel nous avons invité des acteurs de cette filière en présence de responsables du ministère de l'Agriculture. Dans la mesure où ces produits tombent sous le coup de la réglementation des « nouveaux aliments » (réglementation Novel Foods[34]), le terme sera sans doute interdit, ce qui est très bien. Les industriels auront le droit de dire « reproduction in vitro de viande » ou « culture de cellules musculaires » s'il s'agit de cela. Car lors du colloque, nous avons vu que ces produits incluent des parties d'origine végétale. Il y a une définition légale pour le mot « viande », comme pour le terme « vin ». Le vin, c'est un produit défini légalement comme un liquide obtenu par la fermentation du jus de raisin. Si un producteur ajoute ne serait-ce qu'un colorant, du bleu, par exemple, il n'a pas le droit d'appeler ça un vin bleu. Ce n'est pas un vin, c'est une boisson bleue, que l'on a le droit de produire en passant par la réglementation Novel Foods. Il y a eu la même dérive sur le lait. Je suis personnellement tout à fait opposé à ce que les industriels fassent n'importe quoi.

Vous êtes physico-chimiste, vous faites de la science fondamentale, mais vous travaillez aussi pour un organisme très orienté sur l'alimentation animale et humaine.

L'Institut national de la recherche agronomique est un organisme merveilleux où il faut un large spectre d'activités pour mener les missions qui lui sont confiées, et la direction qui m'a

---

33. Voir le chapitre « Du râble durable », page 149.

34. « Règlement n° 2015/2283 du Parlement européen et du Conseil relatif aux nouveaux aliments », *Journal officiel de l'Union européenne*, 25 novembre 2015, sur eur-lex.europa.eu.

invité à rejoindre cet institut avait en main les informations pour le faire. D'autre part, je crois qu'il faut de la science fondamentale pour faire de belles applications, des innovations. Prenons l'exemple d'un de mes travaux récents, dans lequel j'ai déterminé le nombre de suspensions colloïdales[35] possibles. Quelqu'un, dans l'Institut ou dans l'industrie, peut très bien en chercher des matérialisations pour faire des aliments innovants, mais aussi des cosmétiques, des peintures, des médicaments ou encore des pneumatiques. Bref, ce travail peut être utile pour de nombreux champs. Faire cette découverte, c'est un peu comme construire une route, c'est un travail au service de la collectivité. Et je crois que c'est en faisant des travaux fondamentaux que l'on aura, ensuite, le plus de succès en termes d'innovation.

Je prends un autre exemple, avec un programme en cours dans lequel, avec des collègues français, nous menons des études en vue de réduire le sel dans l'alimentation, ce qui est très important, les populations en mangeant trop. Grâce aux financements de l'Agence nationale de la recherche, je cherche à savoir comment les ions sodium du sel migrent dans une carotte ou dans une viande qu'on cuit. Personnellement, la carotte ou la viande m'intéressent peu. Ce qui me motive dans ces études c'est la question générale des échanges. J'ai profité de ce programme pour faire des expériences qui donneront des indications sur les échanges de sel dans la carotte, mais je profite de cet exemple pour mieux comprendre la question générale des échanges.

#### Quid de l'épineux problème de l'acceptation par la population ?

Je suis dévoué à la recherche scientifique fondamentale, mais je n'oublie pas que j'ai une responsabilité politique. Je dois donc consacrer beaucoup de temps à promouvoir des cuisines raisonnées, naguère la cuisine moléculaire, aujourd'hui la cuisine note à

35. Mélange homogène de particules.

note. Cela m'a pris vingt ans pour faire émerger la cuisine moléculaire, et ce sera la même durée pour la cuisine note à note. C'est un processus très lent! En 2050, nous mangerons plus comme il y a un demi-siècle ; les cassoulets et les pot-au-feu auront évolué. Lorsque j'ai promu la cuisine moléculaire comme un moyen de faciliter le travail des cuisiniers, ces derniers n'en voulaient pas. À l'époque, tandis que je tentais de démontrer qu'il existait d'autres gélifiants que la gélatine, on me répondait que j'allais empoisonner les gens. J'expliquais que les Asiatiques consommaient déjà des gélifiants tirés des algues (carraghénanes ou agar-agar) depuis des millénaires, mais rien n'y faisait. Puis, avec l'arrivée de la crise de la vache folle, les cuisiniers ont rapidement abandonné la gélatine et basculé vers ces ingrédients.

La cuisine moléculaire a donc pris son envol à la suite de cette crise, mais aussi grâce à la cuisson basse température qui a permis aux cuisiniers d'engranger de confortables bénéfices sur les viandes. Prenons un exemple. Si vous faites cuire un rôti de 1 kilo au four, il se contracte et, à sa sortie, il ne pèse plus que 750 grammes. Il a donc perdu un quart de sa valeur. Les cuisiniers ne sont pas fous et préfèrent acheter une viande dure à braiser qu'ils cuisinent à basse température. Avec ce mode de cuisson, la viande devient fondante comme du filet. Ils peuvent ainsi la vendre au prix du filet. Voilà comment la cuisine moléculaire s'est imposée.

J'ai inventé la cuisine note à note, mais je ne suis pas cuisinier. J'ai aidé mon ami Pierre Gagnaire à être le premier cuisinier à servir un plat note à note, en 2009, à Hong Kong, dans son restaurant *Le Mandarin oriental*, où nous avons donné une conférence de presse devant des journalistes du monde entier. Le plat s'intitulait « Note à note #1 ».

Le titre fait penser à une œuvre d'art.

Sa connotation artistique est en effet importante. Dans la cuisine, il y a une composante technique qui n'est pas très intéressante. Battre un blanc en neige, c'est un travail assez bête. Mais il y a la question du goût et le goût, c'est aussi l'esthétique, une expérience que l'on retrouve dans la peinture. Aujourd'hui, les chefs qui se disent très avancés cuisinent des végétaux locaux, comme le faisait déjà le chef étoilé Michel Bras, mais avec des techniques de cuisine moléculaire. Ce n'est donc pas très nouveau. La cuisine note à note est, pour l'instant, la seule vraie proposition artistique moderne dans l'univers de la cuisine.

Que faire pour que le grand public s'y intéresse ?

C'est une question difficile. Pour l'instant, la seule stratégie que j'ai trouvée pour faire connaître la cuisine moléculaire me vient du pharmacien Antoine Parmentier : « Je le donne au Roi, si le Roi le mange, le peuple en veut. » Le Roi, ce sont les gens riches qui vont manger chez Pierre Gagnaire, à Hong Kong ou ailleurs. Pourtant, c'est dans l'intérêt de tous, car la cuisine moléculaire coûte moins cher. Donc si personne n'en veut, comme avec le Roi, vous en faites un produit élitiste et là, tout le monde en veut.

Après avoir aidé Pierre Gagnaire à explorer la cuisine note à note, je n'ai cessé d'accompagner d'autres chefs. Récemment, en Alsace, j'ai offert une journée de formation aux chefs étoilés de la région. Ce fut très enrichissant. J'ai aidé des chefs étoilés à se positionner, et à travers eux, c'est le public que je visais. En tant qu'agent de l'État, j'ai une obligation morale envers les citoyens et les contribuables. Ce qui m'intéresse, c'est de convaincre ceux que je croise dans la rue, et qui n'ont peut-être pas un pouvoir d'achat extraordinaire que cuisiner et se nourrir de façon rationnelle leur coûtera moins cher.

D'ailleurs, il est intéressant de noter que dans l'ensemble des pays du globe, ce sont les populations les plus pauvres qui sont en surpoids. C'est souvent plus une question d'instruction que de nutrition. C'est pour cela qu'en 2001, avec le ministre de l'Éducation nationale d'alors, Jack Lang, j'ai réintroduit des ateliers expérimentaux dans les écoles primaires. Il faut apprendre à cuisiner aux enfants afin qu'ils aient la maîtrise de leur alimentation.

Aujourd'hui, promouvoir la cuisine note à note est pour moi une sorte d'obligation morale, une responsabilité, en tant que citoyen et en tant que chercheur. Depuis vingt-deux ans, je propose mes créations à mon ami Pierre Gagnaire. Je lui en donne une par mois, et en échange, je lui demande de soumettre à la carte de ses restaurants les recettes qu'il a confectionnées à partir de mon invention. Puis, au bout de deux mois, il s'engage à les publier sur son site internet[36]. Il est donc le premier à les tester.

Je fais cela par amitié, mais surtout pour démontrer à tous que la science est utile. Elle est tellement puissante que l'on peut créer sans s'arrêter. Les impôts dont s'acquitte chaque citoyen servent en partie à faire avancer la science. On se doit donc d'être très rigoureux lorsque l'on bénéficie de subsides publics. Et en tant que chercheur, il me semble essentiel de démontrer que la science est quelque chose de très utile.

**Auriez-vous une recette à proposer aux étudiants qui sont parmi les plus touchés par la flambée des prix de l'alimentation ?**

Sur mon blog[37], je reprends les recettes que j'ai proposées dans l'émission *Quatre à table*, dont le concept est de réaliser un menu pour quatre personnes pour moins de trente euros. Et il m'est arrivé de préparer un repas copieux pour bien moins que ça ! Par exemple, si vous achetez des crevettes, vous pouvez cuisiner une bisque avec les têtes et les carapaces, ça ne coûte rien.

---

36. Voir « Pierre et Hervé », sur pierregagnaire.com.

37. Voir « Mes recettes pour *Quatre à table* », 20 février 2022, sur le blog hervethis.blogspot.com.

Comment entrevoyez-vous l'après cuisine note à note?

Il y a deux choses. D'une part, je ne cesse de développer la gastronomie moléculaire. Nous venons de publier, avec plus de cent cinquante auteurs de vingt-trois pays, un Manuel de gastronomie moléculaire[38] de près de mille pages. La communauté internationale scientifique est constituée. Je m'efforce désormais de créer un journal scientifique en libre accès et gratuit. Il faut donc que j'entretienne cette communauté et que nous continuions à la faire grandir. Aujourd'hui, trente-quatre pays ont déjà adopté la gastronomie moléculaire, à l'université ou dans des centres de recherche, mais il faut continuer à la faire progresser. En ce qui concerne la cuisine note à-note, tout le travail reste à faire.

Pour le futur de la cuisine, soyons inventifs ! Nous savons déjà introduire un souvenir dans le cerveau d'un rat, alors ne pourrions-nous pas apprendre à faire de même avec le goût et proposer tout un repas comme cela ? Dans le futur, peut-être porterons-nous un casque de réalité virtuelle qui délivrera des saveurs et qui décuplera la perception gustative du nutriment. Nous lui indiquerons la consistance et la couleur souhaitée, cela pourrait être amusant. Tout se passerait dans la tête ! De l'art culinaire à l'état pur.

Mais revenons sur Terre. Il y a beaucoup à faire, dans les laboratoires, mais aussi dans les institutions de formation, à tous les niveaux, les écoles, les collèges, les lycées, les universités, sans oublier la formation continue.

38. Handbook of Molecular Gastronomy, CRC Press.

# 2.2
# Et si nous devenions insectivores ?

Entretien avec
Antoine Hubert

Ingénieur agronome, Antoine Hubert est un environnementaliste, chef d'entreprise français, président et cofondateur du groupe Ÿnsect, producteur de protéines et d'engrais naturels à base d'insectes.

L'entreprise Ÿnsect[39] a été créée pour réinventer la chaîne alimentaire et la rendre plus compatible avec les limites physiques et biologiques de la planète. Comment ? En recréant l'offre alimentaire animale et, à l'avenir, humaine, à partir d'une ressource dont notre planète regorge : les insectes ! Volants ou rampants, ces derniers ont fait partie de nos habitudes agricoles occidentales pendant très longtemps, en tant que pollinisateurs ou protecteurs des cultures contre les ravageurs (biocontrôle), et le sont encore dans nombre de pays en développement. Fut un temps, très lointain, où les insectes constituaient même une partie du menu de nos ancêtres préhistoriques. Qu'on les aime ou qu'on les déteste,

39. Voir ynsect.com.

les insectes sont peut-être une des solutions pour réduire les effets néfastes de la surexploitation des terres et de l'élevage intensif. Antoine Hubert, co-fondateur d'Ÿnsect, raconte l'épopée d'une start-up française devenue un leader mondial de la production de protéines à base d'insectes. Souhaitons-leur bon vol !

### Qu'est-ce qui se cache derrière Ÿnsect ?

Nous élevons et transformons des insectes, plus précisément des scarabées Buffalo (*Alphitobius diaperinus*), pour en faire des ingrédients alimentaires, en poudre ou liquides. La consommation de protéines d'insectes est une solution durable et riche en nutriments qui permet de réinventer la chaîne alimentaire, du sol à l'assiette. Destinées à nourrir les plantes et les animaux d'élevage, ce qui inclut les poissons, les animaux domestiques et même les humains, ces protéines alternatives naturelles sont non seulement porteuses de nombreux bénéfices pour la santé, mais aussi, et c'est primordial à notre époque, de réels bénéfices environnementaux qui ont été mesurés de nombreuses fois à partir d'analyses de cycle de vie.

### D'où vient cette idée originale de faire des insectes les ingrédients de base de l'alimentation humaine et animale ?

Je suis scientifique, agronome de formation et biologiste. Après un cursus en école d'agronomie à Rennes puis à Paris, j'ai travaillé au Centre de coopération internationale en recherche agronomique pour le développement (Cirad) de Martinique et au Scion, l'Institut néo-zélandais de recherche sur la forêt[40]. J'y ai découvert que l'on peut utiliser des vers de terre pour recycler des déchets organiques et j'ai ramené le concept avec moi en France.

J'ai commencé à travailler dans la recherche sur des enjeux d'impacts environnementaux, de pollution, de réchauffement cli-

---

40. Voir scionresearch.com.

matique et j'ai finalement quitté la recherche pour le monde agricole. Je voulais m'orienter davantage vers l'industrie pour savoir comment on y mesure les impacts environnementaux, comment transformer le monde de l'énergie de l'intérieur. J'ai donc intégré une grande société de conseil où je travaillais pour des groupes industriels.

En parallèle, en 2007, j'ai créé une association de sensibilisation aux problématiques environnementales, à l'écologie et à l'alimentation durable. On y travaillait sur l'économie circulaire de l'alimentation, pour reboucler le cycle alimentaire grâce à des vers de terre. Nous les avions choisis comme ambassadeurs pour montrer qu'il est possible de recycler les déchets organiques de nos assiettes et de nos poubelles en produisant du compost destiné à nourrir des plantes. Du pur cycle court ! Avec l'association, nous proposions des événements et des animations de sensibilisation et de promotion de ce genre de système dans les écoles. Nous étions aussi une sorte de think tank environnemental.

Au fur et à mesure des sujets que nous abordions, nous avons découvert les publications d'équipes asiatiques et c'est par un heureux hasard, par sérendipité[41], que nous nous sommes intéressés aux insectes. Nous les avons intégrés à nos réflexions sur la sensibilisation aux nouvelles pratiques alimentaires et au recyclage des matières organiques. De fil en aiguille, nous avons constaté que nous pouvions aller encore plus loin et passer de militants à éleveurs d'insectes. J'ai franchi le cap il y a onze ans, passant d'une carrière de scientifique lanceur d'alerte auprès des entrepreneurs à entrepreneur moi-même, pour faire avancer les choses de l'intérieur et tenter d'influencer plus directement nos économies occidentales, qui sont aujourd'hui non pas forcément les plus

41. Selon l'Académie française, dans le monde scientifique, désigne une disponibilité intellectuelle qui permet de tirer de riches enseignements d'une trouvaille inopinée ou d'une erreur.

sensibles, mais les plus compatibles avec les enjeux environnementaux, malheureusement beaucoup plus prégnants aujourd'hui que lorsque nous avons créé Ÿnsect.

L'été 2022 et ses gigantesques feux de forêt nous ont montré que nous sommes tous engagés dans une course contre la montre dont l'innovation technologique sera une des réponses parmi d'autres, comme la réglementation fiscale sur les industries ou les véhicules polluants. Mais une réponse dont les entreprises et l'entrepreneuriat seront des éléments essentiels. C'est ce que nous essayons de faire modestement avec Ÿnsect dans le secteur de l'alimentation.

C'est donc votre conscience écologique qui vous a poussé à relever le défi entrepreneurial ?

Les choses s'accélèrent, cela fait près de cinquante ans que les scientifiques nous le disent. Il n'y a rien de nouveau. La mauvaise nouvelle, c'est que tout se déroule comme ils l'avaient prévu, et même encore plus vite. Le risque c'est d'avoir le degré et demi prévu pour 2050 en 2030. Les taux de pollutions augmentent aussi dans les eaux. Tout est de plus en plus dans le rouge, voire dans le noir.

Le côté positif, c'est que ça commence vraiment à percoler chez tous les citoyens, en Europe en tout cas. Dans beaucoup de pays dont la France, c'est devenu un sujet majeur de préoccupation et les événements climatiques des étés 2021 et 2022 ont encore accentué cette prise de conscience. Les réponses sont multifactorielles. Les gouvernements doivent faire évoluer la réglementation, ce qu'ils font déjà pour l'énergie. Dans la mobilité, qu'on interdise la vente de voitures à moteur thermique en 2035 va dans le bon sens. Sortir des énergies fossiles pour aller vers les terres rares va créer d'autres dépendances, mais tant pis, il faut choisir ses combats et celui contre le réchauffement climatique est le plus important.

Pour l'alimentation, il n'y a pas de réglementation majeure, pas d'équivalent avec ce qui est fait pour l'énergie. En matière de fiscalité, il faudrait sûrement taxer beaucoup plus les déchets, la pollution et la consommation. Le plan de sobriété du Gouvernement est un prélude à cette fameuse fin d'abondance. Les gens se rendent enfin compte des limites physiques de la planète, donc de nos ressources. On peut investir dans les infrastructures existantes, dans les panneaux solaires et les autres énergies renouvelables, dans la mobilité urbaine et les réseaux de transports collectifs. Tout ça existe déjà, mais nous savons très bien que nous n'avons pas encore toutes les réponses et que l'innovation est une des clés. Il y a encore énormément d'innovations à faire, tant dans l'énergie, avec l'hydrogène ou les petits réacteurs nucléaires, que dans l'alimentation. Et quand on regarde le programme France 2030, il est plutôt bien construit parce qu'il adresse tous ces sujets et promet pas mal d'investissements. Il pourrait sans doute être mieux coordonné avec les autres programmes qui existent en Europe, mais ça va dans le bon sens.

S'agissant de l'alimentation, qui est l'un des enjeux majeurs de notre siècle, il faudra réduire la dépendance aux énergies fossiles très utilisées dans la synthèse des produits phytosanitaires et des engrais chimiques. Ces derniers sont en outre à l'origine de pollutions très importantes de l'eau et des écosystèmes. Aujourd'hui, il est aussi possible d'utiliser beaucoup plus d'engrais organiques, comme ceux que nous produisons grâce à nos insectes. Nous ne pourrons pas atteindre tout de suite les 100 % d'engrais organiques, mais en attendant, il faut espérer qu'une partie de l'hydrogène, qui permet au moins de décarboner les engrais chimiques très polluants, sera réservée à leur production.

Du côté des pesticides, il faudra les remplacer par des insectes et des champignons dans le biocontrôle des parasites des cultures. Là encore, les investissements sont insuffisants. Ce n'est pas le marché d'Ÿnsect, mais d'autres entreprises s'y sont déjà installées.

Y a-t-il d'autres entreprises qui agissent dans ce secteur ?

C'est un créneau historique qui existait bien avant nous. Dans le biocontrôle, les leaders mondiaux sont tous européens : Koppert aux Pays-Bas, Biobest en Belgique et Bioline, du groupe InVivo, en France. Ces trois entreprises sont les plus gros acteurs parce que le marché est essentiellement européen et que la pression pour sortir des pesticides est beaucoup plus forte en Europe qu'ailleurs. Ce sont des groupes bien établis, mais qui sont tout petits par rapport aux leaders mondiaux des pesticides chimiques. J'espère que les gouvernements pourront investir davantage dans les solutions alternatives, même éloignées de la nôtre. Les engrais sont utiles, mais en aval de la chaîne alimentaire, au niveau des plantes et des animaux, les enjeux sont liés à la biodiversité et à la réduction de la production de soja et d'huile de palme qui est la principale cause de la déforestation. Nous produisons d'ailleurs une huile qui peut se substituer à l'huile de palme et des protéines qui peuvent remplacer les concentrés protéiques de soja ou les protéines de poisson pour fabriquer des farines très utilisées dans l'alimentation animale et ainsi éviter la surpêche dans les océans.

Outre l'huile de palme, il est également possible de remplacer les produits dérivés du bœuf. Il y aura toujours des bœufs, mais l'objectif ici est de réduire les émissions de gaz à effet de serre, le protoxyde d'azote libéré par les engrais en amont et le méthane émis par les ruminants en aval de la chaîne. L'enjeu est énorme. Nous fabriquons des produits à base d'insectes qui se substituent intégralement au bœuf pour faire des burgers ou le porc pour faire des saucisses. Des produits sont d'ailleurs déjà sur le marché dans certains pays d'Europe et ils sont amenés à se développer parce que la demande est de plus en plus forte de la part des clients. Les autorisations réglementaires sont sur le point d'aboutir en Europe pour nous donner enfin toute la visibilité nécessaire pour développer ces marchés.

À qui sont destinés vos produits, en particulier vos substituts de viande?

Aujourd'hui, il y a surtout des alternatives à base de plantes qui visent le marché des végétariens. Des marques comme Beyond Meat ou Impossible Food, qui sont les leaders américains de ces nouvelles alternatives, ne visent pas les végans, mais plutôt les flexitariens, ceux qui veulent limiter leur consommation de viande. Nous sommes sur ce segment, nous visons les mêmes catégories de consommateurs. Les végans, de toute façon, ne mangeront pas d'insectes. Mais les végétariens, qui mangent des produits animaux comme des œufs ou du lait, et les flexitariens sont des consommateurs potentiels.

Nous sommes encore à un niveau de maturation relativement faible, car Ÿnsect est une entreprise assez jeune sur ce nouveau marché. L'acquisition de l'entreprise néerlandaise Protifarm en 2021 nous aide à avancer sur le créneau de l'alimentation humaine, mais nous avons surtout développé l'alimentation animale pour les poissons, les chiens, les chats, et les engrais pour les plantes. Et là, la demande est extrêmement forte, bien au-delà de ce que nous sommes capables de produire aujourd'hui. Même sur notre nouveau site d'Amiens, qui est en voie de finalisation, la production est déjà vendue pour les deux ou trois prochaines années et nous aurions de quoi faire plusieurs sites comme celui-là par rapport à la demande du marché. Elle est effectivement très forte sur ces segments, pas encore sur celui de l'alimentation humaine. Mais nous avons le temps, ce n'est pas notre priorité. Cela deviendra un très gros marché qui va croître progressivement avec plus de développement marketing et de communication, avec les bons ambassadeurs, des scientifiques, des chefs, des influenceurs sur les réseaux sociaux et des stars qui appuieront un peu plus le sujet.

Avez-vous réussi à fédérer ces ambassadeurs autour de votre projet?

Nous travaillons avec des chefs cuisiniers aux Pays-Bas, où se fait l'essentiel de notre production pour l'alimentation humaine.

Nous avons aussi fait plusieurs essais en France et il y a une bonne réception. Il manquait surtout le volume de production et les autorisations.

Actuellement, nous ne pouvons vendre nos produits qu'aux Pays-Bas, en Belgique, au Danemark, en Autriche et en Allemagne, pays qui ont validé une autorisation provisoire au titre de la réglementation européenne autour de la notion de nouvel aliment (*novel foods* en anglais)[42], mais nous sommes sur le point d'obtenir notre première autorisation pour l'ensemble du marché européen. Après une évaluation positive de l'Autorité européenne de sécurité des aliments (EFSA) pour la consommation humaine de nos produits à base de scarabée Buffalo, nous attendons l'autorisation finale de mise sur le marché dans l'Union européenne soit confirmée par la direction générale de la santé de la Commission européenne afin que l'insecte puisse être produit à plus grande échelle sur le continent[43].

Un second produit devrait arriver sur le marché au début de l'année 2023, puis ce sera le tour de notre huile.

La concrétisation du développement à court et moyen termes de solutions qui proposent une alternative alimentaire écologiquement soutenable doit passer sous les fourches caudines de l'acceptation populaire. Pensez-vous que les populations, en particulier occidentales, soient prêtes à manger des plats à base d'ingrédients qui leur paraissent exotiques, voire excentriques ?

Des insectes entiers, ça ne marcherait effectivement pas en Europe. Mais quand vous faites des produits consommés quotidiennement par les gens avec ce type d'ingrédients, que ce soient des pâtes, des müeslis pour les céréales du matin, des biscuits, des barres énergétiques, des boissons pour sportifs, ou de la viande

42. Voir « Nouveaux aliments », sur efsa.europa.eu ; « Règlement n° 258/97 du Parlement européen et du Conseil relatif aux nouveaux aliments et aux nouveaux ingrédients alimentaires », *Journal officiel des Communautés européennes*, 27 janvier 1997, sur eur-lex.europa.eu.

43. European Food Safety Authority (EFSA), sur www.efsa.europa.eu.

hachée pour des burgers, le spectre des applications devient très large. Vous les voyez, vous les achetez, vous les goûtez, mais si vous n'êtes pas attentifs à la liste des ingrédients, vous ne savez pas qu'ils contiennent des insectes. Ces produits sont déjà dans les rayons et la science est de notre côté puisque nous avons démontré des bénéfices similaires à ceux du lait en termes nutritionnels et meilleurs que ceux des plantes.

De plus, l'impact environnemental de notre production est aussi faible que celui des plantes, donc bien meilleur que celui de l'élevage. Nous sommes le juste milieu, le meilleur des deux mondes entre l'animal et le végétal, entre le bœuf et le soja !

Ce qui compte maintenant, c'est de le faire savoir. Pour que les gens aient envie de consommer un produit, il faut d'abord qu'il ait du goût et qu'il soit disponible dans les rayons des supermarchés. Pour ce faire, les questions de production et de réglementation doivent être rapidement réglées, d'abord avec le volume que produira notre nouvelle ferme verticale d'Amiens[44], ensuite avec la nouvelle réglementation européenne. La production est actuellement très faible puisqu'il n'y a quasiment aucun produit sur le marché. Avec le nouveau site d'Amiens et celui de Dole qui va s'agrandir, nous allons pouvoir mettre beaucoup plus de produits sur le marché, être beaucoup plus présents, le consommateur verra nos produits beaucoup plus souvent. À cela s'ajoute un investissement dans des plans stratégiques de marketing et de communication, avec des ambassadeurs tels que des chefs cuisiniers, des écoles de cuisine comme Ferrandi Paris, avec laquelle nous avons travaillé dans le passé, avec des centres de recherche spécialisés dans la nutrition, l'alimentation et le développement de nouveaux produits, ou encore avec des influenceurs sur les réseaux sociaux et même des stars. L'acteur américain Robert Downey Jr.[45] qui est un

44. Voir l'encadré « No impact, big impact ! », page 128.
45. Voir l'encadré « Le scarabée qui fascine Iron Man », page 128.

de nos actionnaires et qui promeut notre produit dès qu'il le peut. C'est typiquement ce genre de personnes qui vont en parler à leur communauté et comme leur communauté va voir de plus en plus nos produits en supermarché, dans les commerces de détail et en e-commerce, cela va alimenter une boucle positive pour nous.

Nos produits sont scientifiquement bons pour la santé et pour la planète, ils sont aussi bons à manger et peuvent être encore meilleurs. Nous continuons à les améliorer avec nos clients et grâce à la caisse de résonance marketing et à notre capacité à mettre les produits sur le marché. Par rapport à des produits comme la viande cellulaire par exemple, nous avons une maturité technologique qui fait que la mise sur le marché est beaucoup plus proche. Actuellement, la viande cellulaire est encore loin d'atteindre les volumes et les coûts d'une production industrielle. En revanche, chez Ÿnsect, nos prix sont très compétitifs pour la partie alimentation humaine, et nos produits sont même moins chers que le porc ou le bœuf !

Nous ne travaillons pas directement avec les consommateurs, mais avec des entreprises qui s'occupent de créer les produits finis. Un peu d'invisibilité, ce n'est pas une mauvaise chose ! Nos clients ne sont pas que des start-up, nous touchons des groupes de plus en plus grands qui s'installent sur ce marché et qui le développent.

Vos clients mettent-ils en avant le fait que leurs produits sont fabriqués à partir de poudre d'insectes ?

En tout cas, ils ne cachent jamais qu'il y en a. C'est toujours indiqué. Nos clients le mettent même plutôt en avant. Par exemple, notre collection de cœur, que nous avons appelé Jimini's, en référence au personnage de fiction Jiminy Criquet dans *Pinocchio*, comporte une déclinaison de boîtes de criquets croustillants pour les apéros (poivre et tomate séchés, herbes de Provence, etc.). Le design de l'emballage ne fait pas immédiatement penser à des insectes (même si leur provenance est bien signalée), et la présence d'un petit ténébrion discret sur la boîte n'a rien d'effrayant. Ce marketing marche plutôt bien.

Comment voyez-vous l'impact des biotechnologies sur le marché alimentaire au cours des dix prochaines années?

Les biotechnologies recouvrent un éventail d'applications assez large aujourd'hui autour des algues, des microalgues, des champignons, des insectes et des extraits de plantes. Les ingrédients issus de ces ressources vont de plus en plus se développer. Je pense que c'est vraiment en train de décoller. Toutes ces nouvelles technologies ont des arguments techniques et nutritionnels, et toutes vont faire leur place, parce qu'il est essentiel d'accroître la diversité des ingrédients fournis par rapport à ce que propose une agriculture très intensive et très simplificatrice pour le bien-être de la planète et de la santé de chacun. Il y a plus d'intérêt à avoir une source très diversifiée de matières premières plutôt qu'une quinzaine d'ingrédients, dont le blé, le maïs, le riz, la pomme de terre, la tomate, la banane, le bœuf, le porc et le poulet, qui représentent environ 80 % de l'alimentation humaine. Cela a trop standardisé et simplifié les choses en imposant une pression aux écosystèmes liée à l'intensification de chacune de ces cultures.

Si l'on se diversifie – comme c'était le cas avec l'agriculture paysanne, ou lorsque nous étions encore des chasseurs-cueilleurs avec autour de nous une centaine de produits disponibles issus d'une grande variété de plantes, d'animaux, de vertébrés, de mollusques, de champignons –, la biotechnologie permettra de produire des ressources historiques qui reviendront au goût du jour grâce à la biodiversité. Il y a encore beaucoup de choses à regarder du côté du monde du petit, en particulier chez les invertébrés, les bactéries et toutes les microstructures biologiques. Je pense que cela va amener beaucoup de nouveauté parce que tout ce microcosme est très efficace en termes de ressources et qu'il va répondre à un grand nombre de questions. Mais il n'y a pas de réponse magique, ce ne sera pas l'œuvre d'une seule ressource. Il n'y a pas qu'une biologie ni qu'une seule biotechnologie, cela sera le fruit d'un mélange de tout cela.

Mais à terme, le risque n'est-il pas que la production industrielle d'ingrédients à base d'insectes prenne la voie de la surproduction et de la surconsommation ?

Non, tout simplement parce que les volumes qui sont en jeu sont très inférieurs à ceux de l'alimentation animale classique. Là, nous parlons de millions de tonnes, l'alimentation animale c'est un milliard de tonnes de produits traités dans le monde ! Réduisons avant tout la consommation de viande ou de certaines céréales que nous consommons à outrance depuis que l'humanité existe. Le but n'est pas de remplacer totalement le bœuf ou le poulet, mais de remettre en question les produits transformés. Lorsque vous vous rendez dans un *fast food* pour manger un burger de bœuf, vous n'en connaissez pas la provenance. Et quand vous faites un barbecue avec des amis et que vous achetez une côte de bœuf, même si l'affichage de l'origine est obligatoire chez les bouchers, vous ne savez pas si l'animal a été nourri à l'herbe. Ce burger ou cette côte peut tout aussi bien être élaboré à partir de plantes, de champignons ou d'insectes.

L'élevage est une étape pour les biotechnologies, comme l'élevage de vers à soie qui reste encore très traditionnel, ou celui de champignons. Aujourd'hui, cela se fait à plus grande échelle grâce aux technologies pour proposer un prix compétitif. Mais l'objectif est que les acteurs, à travers des coopératives agricoles, par exemple, puissent développer ces élevages sur leur territoire à des échelles plus petites. Il faut simplement générer suffisamment de connaissances de l'échelle technologique pour être capable, à terme, de réduire les infrastructures, et par conséquent les investissements, pour en donner l'accès à beaucoup plus d'acteurs et que ce ne soit pas que des grands groupes ou des grands investisseurs qui en disposent.

À quelle échéance ce marché est-il susceptible d'être plus visible?

Nous concernant, c'est déjà le cas pour les engrais et la nourriture pour les animaux de compagnie et cela va vraiment exploser avec la mise en route de notre site d'Amiens dans les deux prochaines années. La production destinée à l'alimentation humaine devrait prendre de l'ampleur entre 2025 et 2030.

D'autres insectes sont-ils dans votre ligne de mire?

Nous étudions deux cousins de ce scarabée et il est probable que nous travaillerons avec d'autres insectes dans l'avenir. Nous les sélectionnons entre autres par rapport à ce qu'ils mangent et en fonction de leurs propriétés nutritionnelles. Les raisons pour lesquelles nous choisissons de travailler sur telle ou telle espèce sont nombreuses. Elles sont liées au marché, aux coûts de production ou à l'ouverture vers de nouveaux produits.

### No impact, big impact!

« No impact, big impact ! », c'est le mantra de l'entreprise Ÿnsect qui, en onze ans, est passée du statut de start-up à celui d'entreprise de 350 salariés répartis sur plusieurs sites :

– Évry, le siège social et le centre de R&D installés au Genopole ;

– Paris, où sont installés les bureaux et les fonctions supports ;

– La Fermilière, à Dole, première ferme verticale produisant des insectes pour les engrais et l'alimentation animale ;

– Ermelo, aux Pays-Bas, où sont élevés les scarabées Buffalo ;

– Ÿnfarm, à Amiens, première unité industrielle entièrement automatisée pour la production de protéines d'insectes ;

– Et le petit dernier, dans le Nebraska aux États-Unis, où Ÿnsect s'est implantée en rachetant Jord Producers, un producteur majeur de vers de farine destinés à l'alimentation animale et piscicole.

Depuis sa création, Ÿnsect a levé près de 450 millions de dollars (environ 460 millions d'euros). Certifiée par le label B Corp, l'activité d'Ÿnsect est positive pour l'environnement sur l'ensemble de sa chaîne de production, car elle permet notamment de stocker plus de carbone qu'elle n'en libère.

### Le scarabée qui fascine Iron Man

« Nous avions déjà un investisseur en Californie, Upfront Venture, réputé dans le monde de la tech. Il se trouve que le beau-frère de Robert Downey Jr. fait partie de l'équipe qui a géré le démarrage du fonds d'investissement qu'il a créé pour ses activités extrahollywoodiennes. Nous l'avons rencontré lors d'un événement organisé par notre actionnaire qui faisait se rencontrer des entrepreneurs de la tech et des entrepreneurs d'Hollywood, à Los Angeles, en 2020. Il est un peu devenu notre ambassadeur et quand il en a le temps, il communique sur le sujet. Ça aide ! »

# 2.3

# De la *novel food* dans nos assiettes

Entretien avec

Kevin Camphuis et Idris Revert

Kevin Camphuis est cofondateur de ShakeUp Factory, cabinet de conseil en innovation agroalimentaire et accélérateur de start-up de la chaîne agroalimentaire. Idris Revert est chef de projet innovation de ShakeUp Factory.

Gastronomie moléculaire, barres énergétiques aux farines d'insectes et bientôt steaks de viande cellulaire… La filière agroalimentaire nous réserve encore bien des nouveautés en phase avec les préoccupations climatiques du moment. Mais que vont penser les gens des nouveaux arômes, des nouvelles saveurs, des nouvelles textures ou tout simplement des nouveaux ingrédients qu'on leur propose ? C'est tout le travail du cabinet de conseil ShakeUp Factory[46], spécialisé dans l'accompagnement des entreprises du secteur agroalimentaire pour réduire leur empreinte carbone. Kevin Camphuis, son co-créateur, et Idriss Revert reviennent sur le rôle fondamental que les biotechnologies ont à jouer dans un secteur qui devra se réinventer dans un avenir très proche.

46. Voir shakeupfactory.co.

Comment la ShakeUp Factory se situe-t-elle par rapport aux écosystèmes de recherche et d'innovation français ?

Nous sommes des facilitateurs d'innovation, mais, en fait, et de manière très tangible, nous sommes un cabinet de conseil en innovation, avec la particularité que nous pensons maîtriser un peu mieux que les autres tout ce qui tourne autour de l'innovation de rupture dans le secteur agroalimentaire.

Nous pouvons être amenés à mandater des centres de recherches, voire à collaborer avec eux. Nous sommes, par exemple, présents dans un consortium incluant notamment l'Institut national de recherche pour l'agriculture, l'alimentation et l'environnement (INRAE) pour travailler sur les ferments du futur. Sur d'autres sujets et en fonction des demandes qui nous sont adressées par nos clients industriels, nous pouvons aussi être amenés à mandater un cabinet de conseil en recherche et développement (R&D) pour faire de l'expérimentation, voire du développement de produits, de recettes ou de procédés.

Qu'est-ce que l'innovation dans le domaine de l'alimentation ?

Lorsque l'on regarde l'histoire de l'alimentation des cinquante dernières années, les sujets de R&D sont davantage portés sur l'optimisation, l'amélioration de la qualité, l'augmentation des rendements, la réduction des coûts et la consolidation des chaînes d'approvisionnement, mais pas sur l'innovation. Aujourd'hui, il y a de nouvelles choses qui font leur apparition dans les laboratoires et les rayons des magasins, mais jusqu'à il y a trois ou quatre ans, nous mangions les mêmes aliments qu'il y a cinquante ans. Ce qui a évolué, ce sont certains emballages, mais le four à micro-ondes existait déjà, tout comme le réfrigérateur et le congélateur. En termes de procédés industriels de transformation des ingrédients, il n'y a eu quasiment aucune innovation dans les cinquante dernières années.

Il y a quand même quelques exceptions, parmi lesquelles des procédés comme l'extrusion, relativement nouvelle, qui permettent de nouvelles formes d'alimentation basées sur des végétaux ou sur des analogues à l'animal à partir d'ingrédients végétaux, qui visent les marchés végétariens et végans. Les similisteaks et les laits végétaux sont, eux aussi, assez nouveaux puisqu'ils ont à peine dix ans, pour les produits innovants les plus anciens. Toutes les nouveautés dont on parle et que l'on voit émerger aujourd'hui sont nées non pas chez des industriels, mais dans des start-up.

Un certain nombre d'entrepreneurs se sont emparés de ces sujets jusqu'à ce qu'ils finissent par devenir tendance. Au fur et à mesure de leurs investigations, ils ont découvert des effets très bénéfiques qui leur ont permis d'enrichir leur communication et répondre à des problématiques de plus en plus cruciales, la principale d'entre elles étant la préservation de la planète.

L'innovation dans la filière agroalimentaire explose aujourd'hui sous l'effet de nouvelles technologies qui commencent à émerger, entre autres, les technologies digitales, déterminantes pour accéder à de nouveaux développements, comme le décryptage du génome ou la bio-informatique, qui permettent de comprendre les procédés, ou les capteurs qui autorisent une maîtrise beaucoup plus précise des ingrédients et une meilleure connaissance de leurs interactions. Ensuite, ce sont les entrepreneurs qui saisissent l'opportunité pour créer des choses nouvelles. Il n'y a jamais eu autant d'innovations technologiques depuis cent ans et tout à coup tout le monde s'en saisit, et le nombre d'entrepreneurs dans ce secteur explose. Et nous sommes dans une période où l'argent est disponible chez les investisseurs pour les financer. Quand l'industrie est concentrée sur l'optimisation de ses procédés, les investisseurs, eux, déploient des milliards d'euros – parce qu'on parle vraiment de milliards désormais – pour inventer les ingrédients et les produits alimentaires de demain.

Par rapport aux grandes entreprises du secteur pharmaceutique, où en sont les grandes entreprises de l'agroalimentaire ?

Ce mouvement d'innovation arrive dans le secteur agroalimentaire avec du retard par rapport à l'impact qu'il a pu avoir dans d'autres branches qui étaient plus promptes et plus accessibles ou prioritaires comme la santé. Cela est dû à une particularité de l'agroalimentaire dont la chaîne de valeurs est beaucoup plus complexe que celle de la pharmaceutique par exemple, avec une variété et une nécessaire complémentarité de ses acteurs beaucoup plus forte que dans la santé, la finance, l'aéronautique ou l'automobile. Un banquier ou un pharmacien dans un laboratoire conçoit ses ingrédients, les fabrique et les vend directement à des monopoles internationaux. La multiplicité des acteurs dans l'agroalimentaire rend la dynamique de l'innovation beaucoup plus complexe qu'il n'y paraît. Le XXe siècle a été celui des techniques physiques, le XXIe siècle sera celui de la biologie. C'est un tout nouveau paradigme.

Que recherchent les industriels lorsqu'ils s'adressent à un cabinet de conseil ?

Ils cherchent une réelle compréhension du marché. Le secteur de l'agroalimentaire porte des valeurs très complexes pour lesquelles les industriels n'ont pas forcément les compétences ni le temps pour tout comprendre.

Nous sommes des éclaireurs, des défricheurs. Nous tentons de décrypter les habitudes des gens et les innovations technologiques afin d'aider les industriels à réagir dans le bon sens. Par exemple, nous allons expliquer à un grand nombre d'entre eux, notamment ceux qui ne parviennent pas à saisir l'évolution et la diversité des comportements des consommateurs, comment ils sont susceptibles d'évoluer, mais aussi comment les nouvelles technologies seront capables, dans un avenir proche, de transformer en profondeur le secteur de l'alimentation.

### En quoi les biotechnologies sont-elles l'avenir de l'alimentation ?

Comme je l'ai dit, le XXIe siècle sera celui des biologies, en particulier des biotechnologies et de la biologie synthétique. Nous avons passé le cap de la digitalisation pour arriver à un moment de l'histoire où les connaissances et les outils développés, notamment en génétique et en génomique au cours des dernières années pour la santé et la pharmaceutique, permettent de mieux comprendre et de commencer à mieux maîtriser ce que peut être la dynamique biologique des protéines, des enzymes et de tous les composants qui constituent notre alimentation. C'est ce qui a permis l'émergence il y a environ cinq ans de tout un nouveau domaine d'exploration dans les start-up, celui des biotechnologies déployées pour l'agroalimentaire. À partir de maintenant, le sujet le plus important de la révolution alimentaire va être la réinvention des procédés physico-chimiques en se basant sur de procédés biotechnologiques, et principalement sur la fermentation. On ne voit pas émerger de procédés physiques nouveaux de transformation des ingrédients.

L'avenir proche, c'est la fermentation et toutes les techniques biologiques et biochimiques qui permettent de bénéficier de l'immense variété du vivant, des microbes, des ferments, et de la variété des ingrédients, entre les algues, les champignons… Cette biodiversité est le sujet du moment, qui ouvre une variété infinie de possibilités permettant, demain, de produire des aliments dans des conditions beaucoup plus naturelles, beaucoup moins consommatrices de ressources, et a priori moins coûteuses, ce qui devrait contenter le consommateur.

L'humanité sait faire de la fermentation depuis toujours. Elle est maîtrisée sous toutes les latitudes de manière empirique pour tous types de produits alimentaires, principalement pour leur conservation et pour l'amélioration de la digestibilité des ingrédients et des aliments. Les pays du Nord étaient capables de fermenter tout et n'importe quoi, y compris des racines, parce qu'ils n'avaient rien d'autre pour se nourrir et pas de sel pour conserver le poisson. Et de fil en aiguille, ils ont commencé à fermenter d'autres ingrédients, mais cela restait très empirique. La fermentation a connu un renouvellement récemment avec, entre autres, la découverte des prébiotiques et des probiotiques. Dans le secteur alimentaire, cela s'est matérialisé par la vague des kombuchas, des kéfirs et autres aliments fermentés, vantés pour leurs vertus digestives. Mais depuis cinq ans seulement, nous sommes en mesure de comprendre vraiment leur action. Nous avons décelé une interaction entre des réactions enzymatiques qui produisent de nouveaux composants, lesquels peuvent avoir un impact sur la flore intestinale et, de ce fait, avoir des bienfaits pour la santé.

En parallèle, ces mêmes fermentations permettent aussi de produire des biofuels, des biomatériaux et des biocosmétiques, de créer ou de recréer de nouvelles molécules. Grâce à ces mêmes procédés, on apprend aujourd'hui à synthétiser des tissus vivants artificiels, de la peau par exemple, et, à partir de ces tissus, de la viande. Il y a une dizaine d'années, a ainsi émergé un mouvement, que l'on appelle « agriculture cellulaire », encore confidentiel il y a trois ans, mais qui explose aujourd'hui. En effet, le niveau de maturité technique actuel autorise un certain nombre d'acteurs à faire de la multiplication cellulaire de tissus animaux en maîtrisant la dynamique non plus de manière empirique, mais pilotée par un arsenal d'outils d'intelligence artificielle et de techniques de maîtrise de l'optimisation des procédés de multiplication cellulaire. Ce qui permet désormais d'anticiper que d'ici à dix ans, nous serions en mesure d'atteindre la parité des coûts de production entre ce qui se fait aujourd'hui pour l'animal et ce qui se fera demain pour la multiplication cellulaire.

La courbe d'accélération de l'innovation s'accentue, et on assiste en parallèle à la baisse des prix et à l'optimisation des coûts de revient. La parité de coût entre la transformation des végétaux par des procédés biochimiques et la production de protéines animales apparaîtra, selon les technologies, entre 2025 et 2035. C'est demain ! À partir du moment où nous aurons atteint cette parité, on ne mesure pas à quel point cela va accélérer le mouvement, jusqu'au jour où nous produirons de la viande végétale moins chère que de la viande animale.

Mais il ne faut pas perdre de vue que l'enjeu, c'est la survie de l'humanité, qui repose sur sa capacité à être plus efficace pour transformer les ressources naturelles. Et les biotechnologies sont l'une des méthodes de l'ingénierie et de la technologie capables de réduire l'impact environnemental de l'alimentation, mais, aussi l'une des plus complexes, car l'alimentation est la chaîne de valeurs la plus sophistiquée, avec ses fermiers, ses traders, ses agrochimistes, ses machinistes agricoles, ses transformateurs, ses promoteurs… Des centaines de métiers, de compétences et d'acteurs, souvent déconnectés les uns des autres. Tandis que dans la chaîne de valeurs du médicament, par exemple, il n'y a que deux acteurs : le producteur et le pharmacien.

L'aspect stratégique et économique ne doit pas être sous-estimé. Mais pour faire face aux crises actuelles et aux conséquences de la hausse des températures sur les productions agricoles, l'enjeu de sécurité alimentaire doit nous alerter. Il est urgent que nous trouvions des solutions alternatives, des plans B, si nous ne voulons pas manquer de nourriture.

### Pourquoi la production d'un steak végétal est-elle plus coûteuse que celle d'un steak de viande ?

Il y a un préambule avant de répondre à cette question. Ce dont on parle c'est qu'au lieu d'utiliser un végétal qui va nourrir un animal dont on fera un ingrédient, on transforme le végétal lui-même. Mais on compare aujourd'hui une catégorie qui est celle de la viande animale, qui pèse entre deux et trois mille milliards d'euros et qui est dans les mains d'une quinzaine d'acteurs au niveau mondial utilisant les mêmes procédés plus qu'amortis et maîtrisés depuis une cinquantaine d'années, à une catégorie qui pèse quelques centaines de millions d'euros et compte aujourd'hui environ un millier d'acteurs qui le font de manière extrêmement artisanale, avec des procédés technologiques encore relativement coûteux parce qu'ils ne sont pas encore optimisés et passés à l'échelle industrielle, et avec aussi des ingrédients qui restent assez chers parce qu'ils ne sont pas produits en masse. Le pois, par exemple, coûte beaucoup plus cher à produire que le blé ou le soja. C'est essentiellement une question de quantité et de maturité des technologies dont on n'a pas encore suffisamment optimisé les procédés. Aujourd'hui, celui que l'on utilise pour faire du steak végétal est un processus physique, le jour où l'on saura faire un steak avec des méthodes biochimiques efficaces, les coûts de production diminueront. C'est le cas pour les entreprises qui développent des steaks à partir de la fermentation de champignons, dont les coûts de revient sont aujourd'hui beaucoup plus faibles.

Il faut tout de même ajouter deux choses. Le steak est l'un des produits d'une chaîne de valeur plus complexe qui est celle de l'animal lui-même, tout comme les produits laitiers et tous les dérivés de la valorisation des coproduits de l'animal comme la gélatine. Le prix de revient d'un steak végétal n'englobe que la production de ce steak alors que dans le prix de revient d'une viande animale les économies liées à toutes les valorisations sont intégrées. La deuxième chose, c'est que la production animale est sursubventionnée. À peu près 60 % des subsides de la Politique agricole commune (PAC) de l'Union européenne vont à l'animal, c'est-à-dire à 10 % à 15 % des agriculteurs.

La PAC qui se met en place est en train de revoir cette question. Mais avant de changer les lois, il y a un vrai sujet à aborder qui est celui d'un changement d'état d'esprit général. 2019 a été une année de rupture que j'appellerais « Yuka et Greta ». Yuka, comme l'application mobile qui permet d'obtenir des informations détaillées sur l'impact d'un produit alimentaire ou cosmétique sur la santé, en le scannant simplement avec un smartphone. Et Greta, parce que les gens ont pris conscience que la planète est en danger. C'est à ce moment-là que des réflexions politiques sur l'avenir de notre système alimentaire ont émergé, notamment la stratégie «*farm to fork*» («de la ferme à la fourchette») portée par la Commission européenne dans le cadre du Green deal[47]. Ce pacte vert européen pose la question des activités qui impactent l'environnement, à savoir le transport, l'énergie, mais aussi l'alimentation. Désormais, chacun sait que toute la chaîne alimentaire mondiale, de la production et la fabrication des produits alimentaires jusqu'à la consommation, pèse pour un tiers des émissions de $CO_2$. Et plus de la moitié de ces émissions est liée à l'animal.

### Quelle est l'échéance?

De manière tangible, cela se traduit par la politique européenne du Green Deal qui vise la neutralité carbone en 2050, et la Chine et les États-Unis, qui sont les deux plus gros pollueurs de la planète, se sont engagés dans le même mouvement. En même temps, et de manière pas forcément visible du commun des mortels, la grande majorité des multinationales de l'agroalimentaire se sont elles aussi engagées dans des démarches ou des politiques (avec pour certaines d'entre elles des objectifs reposant sur des données scientifiques) de réduction voire d'annulation de leur impact environnemental.

La firme suisse Nestlé, par exemple, a produit un rapport dans lequel le groupe présente ce que sera sa politique de transition alimentaire dans lequel il est expliqué que 70 % de son impact environnemental sont liés aux ingrédients que consomme la multina-

47. Pacte vert pour l'Europe, ensemble d'initiatives politiques proposées par la Commission européenne pour rendre l'Europe climatiquement neutre en 2050 et améliorer le bien-être et la santé des citoyens européens.

tionale. Elle va donc changer la manière dont elle produit, achète et transforme ces ingrédients dans les dix à quinze prochaines années pour réduire son impact sur l'environnement.

Avec la nouvelle PAC, étroitement liée à la stratégie « De la ferme à la fourchette », aujourd'hui 60 % des aides versées le seront pour des politiques liées à la mise en œuvre de démarches de réduction de l'impact environnemental des pratiques agricoles.

Qu'implique ce modèle *farm to fork* ?

La réduction ou l'optimisation de l'élevage ; la transformation et la transition des pratiques d'agriculture intensive vers une agriculture régénérative inspirée par les procédés de l'agriculture biologique (présence de couvert végétal pour protéger les sols, réduction des labours…) ; la transition vers de nouveaux types de cultures, celle des légumineuses par exemple, qui permettent de capter et de stocker du dioxyde de carbone dans le sol pour en restaurer la santé ; et la réduction d'au moins 50 % de l'utilisation de pesticides à l'horizon 2030. Ce sont toutes des démarches inscrites comme des engagements dans la politique agricole commune.

Ne serait-on pas en fait dans une dynamique de régression puisque l'on ne fait que revenir à une démarche élémentaire ?

Nous sommes en régression positive dans le sens où entre il y a cinquante ans et aujourd'hui, les rendements agricoles ont été multipliés par vingt. On revient à des procédés plus naturels, dans une logique de rendement qui est dix à vingt fois supérieur à ce qu'elle était autrefois. Parallèlement, la surconsommation de viande progresse. Nous en mangeons beaucoup trop ! Nous sommes arrivés à un stade qui va bien au-delà de ce que la planète peut supporter. Sans oublier le gâchis. Selon les chaînes de valeur, il y a entre 15 % et 30 % de pertes, dont une grande partie chez les consommateurs. Nous nous sommes habitués au confort, il va maintenant nous falloir réapprendre la sobriété. Pour ce faire, nous devons réapprendre comment substituer des processus naturels à des procédés technologiques, grâce à la bio-économie et aux biotechnologies.

Pour autant, il ne faut pas blâmer l'industrie. Jusqu'ici, nous étions ravis de pouvoir compter sur les grands groupes agroalimentaires qui ont assuré notre sécurité alimentaire et ont garanti au plus grand nombre une nourriture accessible. Par ailleurs, on constate que depuis une cinquantaine d'années le poids de l'alimentation dans le budget des ménages ne cesse de baisser[48]. Mais depuis les récentes crises, on s'aperçoit que se nourrir coûte très cher, et si l'on veut réduire l'impact environnemental du secteur agroalimentaire, cela pourrait coûter davantage. Dans les prix affichés par les magasins, beaucoup de choses ne sont effectivement pas prises en compte, notamment l'impact environnemental. Mais les changements environnementaux vont aussi faire changer les prix. Les industriels comprennent déjà cette problématique et essaient de trouver des solutions. Ils sont là pour valoriser le développement de nouvelles technologiques capables de prendre en compte davantage de facteurs dans la chaîne des valeurs, notamment les facteurs externes, afin d'arriver à un prix plus proche de la réalité. J'ajouterai que nous sommes capables de mesurer ce qui a un impact sur l'environnement depuis peu parce que la science nous a permis de le faire.

### Faut-il un engagement plus affirmé de la grande distribution pour enrayer la surconsommation ?

Les industriels et les distributeurs nous expliquent qu'ils répondent aux attentes des consommateurs. Nous sommes les premiers responsables. Les distributeurs le savent bien et s'en servent parfois comme moteur pour vendre des produits, mais au bout du

48. En 1960, l'alimentation représentait 34,6 % du budget des ménages ; en 2018, elle ne pèse plus que 13,4 % (chiffres INSEE).

compte ils ne font que satisfaire nos attentes. C'est pour cela que je parle de l'application Yuka. Tout à coup, nous nous sommes mis à réfléchir sur notre comportement alimentaire. Et ça, c'est nouveau, parce que jusqu'à maintenant nous n'avons pas eu besoin de le faire. « Yuka et Greta », ce n'est pas qu'un concept, c'est une réalité profonde qui correspond à un changement de mentalité et de paradigme qui nous interroge sur nos propres pratiques, nos propres comportements et l'impact qu'ils peuvent avoir sur notre environnement. Et aujourd'hui, nous pouvons le faire parce que nous savons désormais le mesurer.

Des changements de ce type peuvent être très brutaux et assez lents par la suite. Mais, et c'est ce que je dis aux industriels que nous accompagnons, nous avons changé de paradigme, et nous ne reviendrons pas en arrière. L'accélération de ce changement va dépendre des solutions pour le nourrir. C'est là que les biotechnologies seront absolument cruciales, parce qu'elles devraient permettre d'accélérer ce changement puisqu'elles sont les seules qui sont de nature à pouvoir se substituer, à l'échelle, à des coûts raisonnables et en limitant très notablement l'impact environnemental, aux solutions actuelles pour fabriquer des produits alimentaires.

### Quelles seront les tendances dans les décennies à venir ?

De nouvelles formes alimentaires vont émerger, mais nous ne savons pas encore lesquelles parce qu'elles supposent une adaptation, une acculturation. Les végétaux prennent une nouvelle forme, les bouteilles aussi. Les matières et les textures sont différentes et l'on met du temps à s'y habituer. Ce n'est pas tant dans la nouveauté des formes que se fera le vrai changement. C'est dans le contenu et dans la manière de produire ou de s'approvisionner. Ce qui va évoluer notablement, ce sont les chaînes de valeur, dès lors que l'on cessera d'aller chercher des ingrédients à l'autre bout du monde.

Aujourd'hui, 60 % de la nourriture de nos animaux provient du soja d'Amérique du Sud. Ça ne se remplace pas du jour au lendemain. Il ne faut pas sous-estimer l'amplitude autant que la complexité des changements à venir. Les grandes tendances sont cachées derrière un rideau et il va falloir que nous inventions de nouveaux ingrédients ou de nouvelles sources d'ingrédients, et de nouveaux procédés pour les transformer. Ce sont là les vraies orientations de fond. Peut-être inventerons-nous de nouvelles formes de viande ? Mais le sujet le plus important aujourd'hui, c'est la transition qui va s'opérer avec les machines physiques et tout ce qui provient de l'animal vers de nouveaux procédés impliquant des biotechnologies. Ce qui implique un changement total des acteurs. Mais parmi les géants de l'agroalimentaire, la moitié ne maîtrise pas encore les biotechnologies. Les agriculteurs seront indispensables, car on aura toujours besoin d'ingrédients. Mais il faudra aussi des savoir-faire nouveaux pour transformer ces ingrédients et créer de nouveaux composés, afin d'obtenir des produits comestibles. Actuellement, il y a beaucoup de choses qui sont en cours de recherche, ce qui justifie les milliards investis dans le secteur de l'agroalimentaire et de la nutrition. C'est un peu le début de la production de l'électricité, à la fin du XIXe siècle.

La fermentation est a priori la mieux placée pour effectuer cette transition. Il s'agit en réalité d'un procédé ancestral, qui était jusqu'ici très empirique, mais que nous sommes désormais en mesure de mieux comprendre et maîtriser. Et comme il y a de plus en plus de chercheurs et d'ingénieurs capables de décrypter ces procédés aux niveaux moléculaire et biochimique, ils sont désormais en mesure de les adapter ou de les déployer sur d'autres ingrédients ou d'autres modes de transformation. Un ferment permet aujourd'hui de faire de la texture, de la couleur, de la saveur, de la digestibilité, mais aussi du biofuel, du biomatériau ou encore du médicament. C'est toute la magie du vivant que l'on est en train de comprendre ! C'est magique, mais tout juste naissant.

Les populations accepteront-elles de manger ces nouveaux produits, de la viande de synthèse par exemple ?

Notre histoire culturelle et ce que nous avons appris influencent notre perception des choses. Notre instinct, c'est ce qui nous permet de survivre, et qui nous interdit de manger des aliments que nous ne connaissons pas. On peut corriger cela par des actions de sensibilisation et d'éducation et peut-être que nos enfants mangeront des aliments très différents des nôtres. Mais objectivement, toutes les tentatives de création de nouvelles formes alimentaires se sont révélées jusqu'ici peu concluantes.

L'une des façons de bien communiquer sur l'apport des biotechnologies dans l'agroalimentaire serait de mettre en avant le fait qu'elles sont aujourd'hui bien maîtrisées, passionnantes, et surtout applicables localement, sur tout type de matrice végétale. Nous n'avons pas besoin de faire venir du soja d'Amérique du Sud pour nourrir mes animaux en Europe, qui vont être abattus en Pologne, transformés en Italie pour ensuite revenir sous forme de steak haché sur le marché français. Les biotechnologies permettent de développer, dans des conditions de sécurité et de maîtrise sanitaires, des composants indispensables de l'alimentation. C'est comme cela que sont conçus les compléments alimentaires, des vitamines et des médicaments. Pourquoi ne pourrions-nous pas, demain, produire des aliments de cette manière ?

Le rapport à l'alimentation est radicalement différent entre les cultures anglo-saxonne et latine. Pour les Anglo-Saxons, «*food means fuel*», je mange pour avoir de l'énergie là où l'alimentation latine est davantage liée au plaisir et à la convivialité, la forme et la couleur de ce qu'il y a dans l'assiette ont beaucoup d'importance. Il y aura donc sans doute plus de réticences chez les Latins que chez les Anglo-Saxons.

Ensuite, je ne connais pas un seul produit alimentaire qui plaise à tout le monde. Tout le monde n'aime pas la viande. S'ajoute à cela la dynamique de l'innovation qui fait que quelque chose de nouveau ne plaira pas à tout le monde. L'appropriation par les consommateurs va se construire et il aura alors une montée en puissance, mais ça ne se fera pas du jour au lendemain. Mais cela se fera. C'est même indispensable que des solutions comme celle-ci aboutissent parce que notre planète ne pourra pas supporter que perdure la production alimentaire comme aujourd'hui. Un exemple emblématique de cette problématique est la synthèse de l'insuline de porc dans les années 1970. Si nous devions continuer à produire de l'insuline de porc pour répondre aux besoins de la population, il faudrait deux fois la surface de la Terre pour élever les porcs nécessaires à cette synthèse.

### L'hédonisme et l'épicurisme latins seront-ils un frein à la participation des biotechnologies au futur de l'alimentation ?

L'enjeu pour les entrepreneurs en biotechnologies est d'arriver à casser les barrières, et ces barrières, ils les connaissent. Celles de l'adoption d'un produit c'est qu'il soit bon, sain, savoureux, goûteux… Ces barrières seront cassées d'une manière ou d'une autre, ça prendra le temps qu'il faudra, mais elles seront cassées. L'enjeu est surtout d'anticiper cette rupture. Dans l'automobile, Volkswagen a mis cinq ans de trop à accepter l'idée qu'un jour des voitures pourraient rouler à l'électricité. Ils ont pris dix ans de retard. Nous ne devons pas passer à côté de la culture cellulaire. Nous sommes dans un monde globalisé donc nous ne produirons pas forcément pour les Français, mais pour des pays en développement qui y verront une solution pour nourrir leur population. Nous sommes désormais dans une logique où l'alimentation est globale et l'enjeu est d'anticiper ce que seront les solutions technologiques qui permettront demain de nourrir la planète en arrêtant de la détruire comme nous le faisons aujourd'hui. De telles solutions existent, comme le mix « viande cellulaire et végétale » de l'entreprise israélienne Redefine Meat, produit grâce à un procédé d'impression 3D.

L'Organisation des Nations unies pour l'alimentation et l'agriculture (FAO) a même lancé un appel à experts sur l'agriculture cellulaire. La réflexion se développe autour du fait de réussir si ce n'est d'arriver à reproduire la complexité d'un steak, mais de s'en rapprocher. Et ça, les start-up en ont totalement conscience. Certaines se sont spécialisées dans le muscle ou le gras.

De la même manière que la viande, pour laquelle il faut être capable de reproduire un tissu animal dans toute sa complexité, lorsque des start-up travaillent sur des protéines de lait alternatives, elles doivent être en mesure de produire différents types de caséine. Et elles y parviendront. Car nous inventons sans cesse, et ce besoin de création permanente de nouveauté, c'est l'évolution créatrice[49]. Grâce à l'agriculture cellulaire et aux biotechnologies nous parviendrons à transcender les barrières pour résoudre les problèmes auxquels nous serons confrontés dans les années à venir. Avec bien sûr des contraintes et des limites d'acceptation éthiques, sanitaires ou encore environnementales.

Il faut continuellement se poser les questions suivantes : quel est l'impact sur l'environnement ? Serons-nous même capables de produire suffisamment de nutriments nécessaires à ces produits alimentaires ? Ne va-t-il pas y avoir des conflits sur ces nutriments entre secteurs alimentaire, cosmétique, pharmaceutique et énergétique ?

Tous ces enjeux commencent à émerger et nous nous devons de les mettre sur la table au risque de se prendre les pieds dans le tapis des considérations environnementales et éthiques. La réalité est que dans dix ans, nous aurons besoin de produire une partie de l'alimentation à partir des biotechnologies, et ça malheureusement assez peu de gens ont réussi à se le figurer.

---

49. [NDE] Une caractéristique de l'homme et sa faculté de fabriquer des outils à faire des outils, et d'en varier indéfiniment la fabrication. Voir *L'Évolution créatrice*, ouvrage philosophique rédigé par Henri Bergson en 1907.

L'innovation a besoin d'être discutée. Ce qui est nouveau génère une masse de questions qu'il faut adresser. Il faut être en mesure d'entretenir ces débats. Il faut des forums, des experts, c'est le propre de toutes les époques de transition. Le monde a connu sa plus grande vitalité d'innovation entre 1880 et 1914. L'excès de nouveauté met l'humanité dans un état d'incertitude qu'elle doit apprendre à gérer et qui malheureusement souvent la dépasse.

Malgré cette incertitude, la dynamique de l'innovation biotechnologique dans l'agroalimentaire existe à travers des investisseurs qui mettent des milliards d'euros sur la table pour financer des entreprises qui cherchent des solutions technologiques, d'où la nécessité d'avoir un accompagnement avec des dispositifs de réflexion associés. C'est indispensable.

La première chose dont nous avons besoin est de faire de l'éducation, de la pédagogie objective. Les innovations dont j'ai parlé vont arriver, il faut s'y préparer. En France, il y a cette tendance naturelle à l'opposition et de fait, à se laisser dépasser. Nous devons nous saisir de ces sujets. Les États-Unis, pour ne citer qu'eux, viennent de déployer tout un arsenal économique autour des biotechnologies et ça a démarré en trombe.

Quel est le problème en France ? Juste une opposition ou des financements insuffisants ?

Je ne suis pas certain que nous sommes en déficit de financement. La faiblesse du financement public a été compensée par des financements de type Téléthon et par les fonds d'investissement qui accompagnent la filière agroalimentaire. L'État est aussi intervenu par la mise à disposition de moyens techniques. C'est moins un manque de financement qu'une certaine réticence administrative voire des blocages réglementaires à l'exploration d'un certain nombre de ces thématiques qui fait que les entrepreneurs préfèrent aller travailler ailleurs.

On ne peut cependant pas nier que nous avons un ministère de l'agriculture qui a vingt ans de retard. Il y a plusieurs raisons à cela. Les agriculteurs sont les meilleurs entrepreneurs que je connaisse, ils passent leur vie à gérer l'imprévu. Le problème est qu'ils sont aujourd'hui des vassaux de ceux qu'ils fournissent, dépendants de la PAC et des subsides de leur ministère. Le principal frein aux biotechnologies en France, pour le secteur alimentaire, c'est le ministère de l'Agriculture. Pour le reste, il y a tout ce qu'il faut.

Ce dont nous manquons en revanche, c'est de visionnaires. Il y en a quelques-uns, mais ils sont écrasés par le nombre et le poids politique des agriculteurs.

La France a été le premier pays à légiférer pour interdire les produits de l'agriculture cellulaire dans les cantines alors qu'elle n'est pas encore sur le marché. C'est un message négatif qui est passé aux entrepreneurs. Il y a une problématique de positionnement politique sur cette question qui va à l'encontre de l'innovation.

Des États, les Pays-Bas en tête, ont pris conscience de ces enjeux, avant même l'Union européenne. Nous nous retrouvons ainsi dans une Europe à plusieurs vitesses. Le gouvernement hollandais a légiféré sur la réduction de 30 % de son cheptel à l'horizon 2030. En parallèle, l'État a financé un consortium de recherche en biotechnologies sur l'agriculture cellulaire à hauteur d'un premier versement de soixante millions d'euros, avec une enveloppe potentielle pouvant atteindre quatre cent cinquante millions d'euros. Leur discours, très rationnel, est qu'ils ne peuvent plus continuer à produire de la viande et du lait pour le monde. Ils veulent trouver des alternatives et sont prêts à les financer. Résultat, les agriculteurs néerlandais ont bloqué le pays pendant un mois, en juin 2021, en réponse à ces annonces ! Mais les Néerlandais savent que dans dix ans, leur modèle ne sera plus tenable.

En termes de compétitivité, les États-Unis sont dans la course, mais aussi les pays asiatiques. Notamment Singapour, avec sa politique 2030 qui souhaite que 30 % de la production mondiale de protéines soient réalisés sur son sol. Il y a aussi la Chine, qui a inscrit la bio-économie, en particulier la biotechnologie et l'agriculture cellulaire, dans un objectif pour 2025.

Singapour a d'ailleurs autorisé la première commercialisation de nuggets, à base de viande partiellement cellulaire – la matrice est végétale et une partie du produit final est issu de l'agriculture cellulaire –, créés par une entreprise américaine.

La conversion des Pays-Bas à marche forcée n'est-elle pas en contradiction avec la nécessité d'informer les populations sur les apports de ces technologies ?

En France, nous fonctionnons de la même manière. Dès lors que le gouvernement décide de faire passer une loi, elle passe. Il faut bien sûr créer préalablement un contexte favorable, d'où la nécessité de l'éducation. Ensuite, il faut accompagner la transition. Il vaut mieux passer plus de temps et d'énergie sur la manière dont on va gérer cette transition et l'anticiper, plutôt que d'attendre et d'être mis devant le fait accompli.

Il faut expliquer aux agriculteurs que nous aurons encore plus besoin d'eux demain, parce qu'il faudra produire les matières nécessaires à cette agriculture cellulaire ; leur expliquer que cela leur permettra de découvrir de nouveaux métiers, avec plus d'autonomie, de produire pour des entreprises locales et ne pas envoyer leurs bêtes à l'autre bout du monde. À titre d'exemple, 60 % des recettes de la viande sont réalisés par cinq entreprises. En France, c'est 80 %, réalisés par un seul groupe. Si nous, en France, en Europe, décidons d'en faire un sujet de réflexion stratégique, nous trouverons des solutions. Les Hollandais vont le faire et ils n'attendront personne. Ce n'est pas pour rien qu'ils sont les premiers producteurs de viande et de lait au monde, dans un pays qui fait le tiers de la taille de la France !

En parallèle, il y a aussi le problème de l'optimisation des ressources, de la gestion des pertes et des invendus. Beaucoup de start-up travaillent sur ce sujet et c'est une très bonne nouvelle. Les biotechnologies permettent, par exemple, de produire des revêtements qui prolongent la durée de vie des aliments, en particulier des fruits et légumes. Autant de sujets qu'il faut faire émerger.

Beaucoup comprennent le sens des biotechs, mais à cause de notre manque d'anticipation, notre pays risque de passer à côté de la révolution alimentaire. Nous devrions nous interroger collectivement sur ces enjeux avant qu'il ne soit trop tard.

# 2.4
# Du râble durable

D'après un entretien avec
Nathalie Rolland

Nathalie Rolland a co-fondé Agriculture cellulaire France, une association qu'elle dirige et dont le but est d'informer sur l'agriculture cellulaire. Fille et petite-fille d'éleveurs, femme de convictions écologiques affirmées, elle souhaiterait voir cette alternative durable se développer face aux usages de l'élevage et de l'agriculture intensifs.

Depuis quatre cent mille ans, l'humanité – disons depuis ses ancêtres *Homo erectus* – maîtrise le feu. Ce qui lui a permis depuis de consommer de la viande en diminuant le risque de se contaminer avec d'éventuels microbes. Ce régime de protéines animales a ouvert la voie à un développement phénoménal du cerveau humain et à la rationalisation de certaines tâches fastidieuses, et a débouché sur l'invention de l'élevage et de l'agriculture. Lesquels se sont développés au cours des millénaires, jusqu'à exploser durant la seconde moitié du XXe siècle et mener à la surproduction et à la surconsommation de viande que nous connaissons aujourd'hui. Ces excès sont désormais identifiés comme des facteurs d'accélération du bouleversement climatique. Une des solutions pour le combattre serait de diminuer drastiquement notre consommation de viande et ainsi réduire l'élevage intensif. Sommes-nous condamnés à nous passer de viande ? Pour Nathalie Rolland, fondatrice et directrice de l'association Agriculture cellulaire France, le végétarisme n'est pas une fatalité. Voici venu le temps de la viande in vitro !

L'agriculture cellulaire est un domaine de recherches et de développements dont un des objectifs est l'élaboration de produits animaux en s'affranchissant des contraintes de l'élevage et des ressentiments relatifs à la souffrance animale. Il s'agit « de produits animaux développés par des moyens biotechnologiques », précise Nathalie Rolland. « Cela peut être de la viande issue de cultures cellulaires ou des protéines animales produites par fermentation, notamment à partir de micro-organismes. »

La chercheuse travaille depuis 2017 au développement de la viande in vitro. Pourtant, plus jeune, elle n'aurait jamais imaginé devenir chercheuse. Elle raconte : « cela s'est fait un petit peu par hasard. J'ai réalisé deux études qui ont été publiées sur le sujet de la culture tissulaire, mais je n'ai vraiment pas un parcours de chercheuse. Je ne sais même pas vraiment si l'on peut me définir comme chercheuse. Je suis plutôt une généraliste du sujet. » La première étude qu'elle réalise à l'université néerlandaise de Maastricht, pendant son Master, est rapidement citée et prend de l'ampleur dans le milieu de la culture cellulaire.

Puis elle a travaillé dans le domaine de la finance et du développement commercial. « Mais la finance, ce n'était pas une passion ou une vocation. J'ai toujours regardé ce qui se faisait dans le domaine du développement durable, alors j'ai essayé de trouver quelque chose qui soit intéressant et qui puisse satisfaire mon goût pour l'innovation sans être du greenwashing », dit celle qui se définit comme « très engagée pour la protection de l'environnement et le bien-être animal. » C'est ce qui la pousse à rejoindre des organismes tels que Sea Shepherd pendant quelques années. Mais elle veut aller plus loin.

Sa sensibilité aux questions environnementales et au bien-être animal la pousse à rechercher un métier plus en adéquation avec ses valeurs. «Je voulais faire quelque chose qui a du sens, un impact concret sur l'environnement et le bien-être animal, trouver des solutions et faire en sorte que les bonnes idées ne restent pas au stade de concept. J'ai constaté que, même sensibilisés au problème de la surconsommation de viande, les gens ont du mal à changer leurs habitudes. Le plus simple serait de proposer des alternatives convaincantes et accessibles qui leur permettent de remplacer une partie de la consommation carnée.»

Selon elle, les alternatives convaincantes sont végétales ou issues de l'agriculture cellulaire. Elles ont pour but d'être le plus proche possible des produits animaux, en termes de qualités organoleptiques, d'origine, de cuisson ou encore d'accessibilité pour que le consommateur choisisse des produits à meilleur impact environnemental en faisant le moins d'efforts possible.

Sa carrière dans la biotechnologie agroalimentaire démarre avec Mark Post, le professeur de physiologie vasculaire de l'Université de Maastricht, connu pour être le pionnier de la viande cellulaire, dont il a présenté la première preuve de concept en 2013. C'est à ses côtés qu'elle réalise l'étude sur l'acceptation de ces «viandes cultivées» par les consommateurs qui la fait connaître. Puis elle met ses connaissances au service de l'organisation à but non lucratif berlinoise ProVeg qui travaille sur la question des protéines alternatives, jusqu'alors uniquement d'origine végétale. Pendant trois ans, elle participe à un projet avec l'Institut national de recherche pour l'agriculture, l'alimentation et l'environnement, et en parallèle, travaille à une nouvelle étude sur l'acceptation de la viande cellulaire. Elle finit par fonder Agriculture cellulaire France, une association qui s'attache à développer ce domaine en France ainsi qu'en Europe «parce que les choses se passent au niveau européen, notamment pour la réglementation». L'activité principale de l'association, c'est de diffuser de l'information pour que le grand public accueille favorablement la viande de synthèse qui pourrait être présente dans les rayons des supermarchés dans quelques années.

### Bienvenue dans les biotechs

Pour rappeler le contexte, mis à part quelques *nuggets* commercialisés à Singapour, l'agriculture cellulaire n'en est encore qu'à ses balbutiements, en phase de R&D. Le principe en est relativement simple : on reproduit le procédé naturel de croissance et de multiplication des cellules dans un bioréacteur – un fermenteur –, une technique issue du secteur médical. C'est avec ce principe que l'on recrée notamment la peau qui sera ensuite greffée sur les grands brûlés. «On place des cellules dans des conditions idéales en bioréacteur, on leur fournit les nutriments dont elles ont besoin pour se multiplier et donner ce qui sera à la fin de la viande. On aide simplement les cellules à recréer le processus par lequel elles passent à l'intérieur d'un animal. Nous n'avons pas réinventé un processus ni reconstruit des cellules, elles proviennent bien d'un animal. Mais au lieu que la viande soit produite à partir de l'organisme de cet animal, elle l'est à partir de ses cellules.»

Mais un morceau de viande, ce n'est pas seulement du muscle, c'est aussi des veines, des nerfs, de la graisse… «Les chercheurs travaillent pour recréer les produits les plus complexes possibles à partir de cultures de cellules de muscle, mais aussi de graisse et de tissu conjonctif. Des projets sont même lancés pour obtenir du sang.» La science cherche donc à reproduire la viande telle que nous la connaissons. Dans un premier temps, les produits accessibles sur le marché seront assez simples, comme de la viande hachée ou des *nuggets*. Puis, progressivement, on ira vers des choses de plus en plus complexes. À terme, l'idée est d'obtenir des morceaux entiers de viande.

Ce que l'on recherche dans la consommation d'un aliment c'est évidemment une saveur, une texture, mais aussi les apports nutritionnels associés à l'aliment susdit. Et bien sûr, l'hédonisme, l'épicurisme, le plaisir quoi ! « Tout ce qui est développé dans le domaine de l'agriculture cellulaire est centré sur le plaisir. Il y a des produits que l'on aime consommer ou que l'on est habitué à manger, une certaine culture gastronomique que l'on a envie de voir perdurer. Certaines personnes seront capables de réduire leur consommation de viande, d'autres réussiront à supprimer définitivement tous les aliments d'origine animale. Mais en réalité, la plupart des gens ne sont pas prêts à réduire drastiquement la part de protéines animales dans leur alimentation. » Les producteurs de substituts de viande l'ont bien compris, et ils développent des produits ressemblant à s'y méprendre aux produits originaux sans passer par les procédés traditionnels et l'élevage industriel.

Certains produits végétariens et végans ont cédé à la tentation de copier la forme, la texture et le goût de produits classiques avec des ingrédients totalement végétaux. « L'ambition de l'agriculture cellulaire est de faire mieux que le végétal, d'en dépasser les limites », explique la chercheuse. Elle admet cependant que « si les consommateurs se satisfont des produits végétaux, c'est encore mieux, car leur impact environnemental sera toujours meilleur que celui des produits de l'agriculture cellulaire ». De plus, « L'aspect social est aussi très important durant un repas, il ne s'agit pas que de protéines. »

À l'époque où elle travaillait avec son mentor, Mark Post, ce dernier aimait à dire que si les seuls consommateurs de viande in vitro sont les végétariens et les végétaliens, il aura tout raté parce qu'ils ne représentent pas sa cible, ajoutant que c'est le mangeur de viande qui l'intéresse, celui qui a l'impact le plus négatif sur l'environnement et le bien-être animal. « Que les végétariens et les végétaliens soient ravis de pouvoir consommer de la viande de synthèse ? Pourquoi pas ? Mais en termes d'impact, ils représentent un pourcentage minime de la population. L'objectif est de parvenir à toucher le flexitarien, qui diversifie davantage son alimentation, et plus généralement, le consommateur de produits animaux. »

### Pacte éthique

Certaines entreprises se disent capables de prélever des cellules dans des œufs ou sur des plumes, et de réaliser des biopsies indolores. Elles réfléchissent aux méthodes les moins invasives possibles. Car c'est bien là le second objectif de la culture cellulaire de viande, limiter au maximum la souffrance animale. « L'idéal est quand même que les prélèvements de cellules soient effectués de façon éthique, parce que le bien-être animal est un bénéfice très important offert par ces produits et que les consommateurs vont aller dans ce sens. Le développement de tels produits n'aurait aucun sens s'il ne comportait pas de dimension éthique. Je serais la première à m'en désintéresser. »

La question de l'éthique dans l'alimentation humaine est elle aussi récurrente. Selon Nathalie Rolland, « les remarques sur le côté "non naturel" de la viande de synthèse reviennent souvent dans les études et dans les réactions des consommateurs. Cela montre à quel point nous ne sommes pas informés sur ce que nous mangeons. Dans les faits, la majorité des produits alimentaires que nous consommons sont industriels, élaborés grâce à des technologies et développés en laboratoire. Mais ce n'est évidemment pas ce que le marketing montre aux gens. »

La communication sera donc un outil crucial pour que ces nouveaux produits de synthèse connaissent le succès. Des études ont montré que l'on peut fournir au grand public des informations sur un procédé, mais jusqu'à un certain niveau seulement. En effet, si l'on va trop loin dans les explications techniques, les gens finissent par ne plus rien comprendre. « Il y existe des enzymes et des arômes alimentaires qui sont déjà des produits biotechnologiques, mais personne n'y prête attention. Certaines catégories de consommateurs accepteront sans problème les nouveaux produits, et il y en aura d'autres qui resteront attachés au fait de manger naturel, et que nous ne réussirons pas à convaincre, mais ce n'est pas grave. On ne peut pas reprocher aux gens d'être méfiants, surtout compte tenu des nombreux scandales alimentaires. C'est aux entreprises qui produiront ces viandes de synthèse de faire des efforts pour essayer de démontrer le bien-fondé de leur technologie. Dans un domaine en plein développement, qui va donc être scruté, les bonnes pratiques sont très importantes.»

L'éthique, c'est aussi l'éthique commerciale et financière, et l'ancienne courtière a un avis bien tranché sur la question. «Nous ne défendons pas l'agriculture cellulaire pour qu'il y ait de nouveaux produits à vendre et gagner de l'argent. Nous voulons que ces produits se développent avec une incidence positive concrète sur l'environnement. Si demain les produits fabriqués avec de la viande de synthèse sont commercialisés, mais que cela n'apporte aucun mieux au niveau environnemental et du bien-être animal, qu'il y a toujours des problèmes de zoonoses[50] et d'antibiorésistances, l'agriculture cellulaire n'aura pas tenu ses promesses et n'aura, de fait, plus aucun intérêt.»

Les produits in vitro sont en effet développés sans antibiotique, ce qui permet de lutter à la fois contre l'antibiorésistance, mais aussi contre les maladies animales transmissibles à l'homme. «Depuis la pandémie de Covid-19, les gens ont compris que les zoonoses (maladies infectieuses qui sont passées de l'animal à l'homme) ne sont pas près de disparaître tant qu'il y aura l'élevage intensif. Les élevages sont de plus en plus importants, avec des animaux toujours plus faibles à cause de la sélection, qui se transmettent de plus en plus facilement des virus les uns aux autres, et c'est ce cocktail qui peut provoquer des pandémies.» Nathalie

50. Maladies animales transmissibles à l'être humain.

Rolland voit en l'agriculture cellulaire une réponse à cette problématique d'importance particulière comme en témoignent les événements récents. « Comme nous aurons besoin de beaucoup moins d'animaux, il y aura également beaucoup moins de risques pandémiques dus à des zoonoses. Cela intéresse de plus en plus de gens parce que les choses sont devenues concrètes à cause ou grâce au Covid-19. Pour ces mêmes raisons, les gouvernements montrent aussi plus d'intérêt pour notre domaine. »

#### *To eat or not to eat ?*

Actuellement, il existe deux offres différentes pour le consommateur : d'un côté la viande issue d'élevages plus vertueux, plus traditionnels, et de l'autre, la viande cellulaire. Mais penser que l'on peut revenir à un mode d'élevage plus traditionnel est un fantasme. C'est techniquement impossible.

En revanche, ne nous leurrons pas sur les cibles de la viande cellulaire. Pragmatiquement, cette viande sera à destination de gens dans les pays riches, ceux qui ont l'impact environnemental le plus négatif. Ce ne sont pas les gens qui vivent dans les pays touchés par la famine que nous allons essayer de convaincre avec ces produits. Pour ce qui est de la sécurité alimentaire, nous n'y sommes donc pas encore. Comme d'habitude, il s'agit d'une question de volonté de la part des gouvernements. La viande cellulaire pourrait aider ces pays, mais s'il n'y a pas de volonté aujourd'hui avec l'alimentation classique, pourquoi y en aurait-il une demain ?

Nathalie Rolland porte toutefois un regard très optimiste sur l'horizon de l'agriculture cellulaire qu'elle espère voir s'éclaircir dans les cinq prochaines années, avec l'arrivée sur les étals et dans les rayons des premiers produits qui en seront éclos. « Les *nuggets* vendus à Singapour représentent une quantité trop insignifiante pour y voir un lancement de la filière. Ils s'apparentent davantage à une opération de communication. Ce n'est pas suffisant pour espérer une véritable portée environnementale ou financière. J'espère qu'il y aura rapidement une quantité de produits suffisante pour enclencher le début d'une réelle commercialisation dans le secteur.» Et une fois cette dynamique enclenchée, viendra le temps de l'étape suivante, celle d'une production suffisamment importante pour avoir un impact concret sur la consommation des gens. Faudra-t-il encore attendre dix ans? «Cela se peut parce qu'il faut travailler à la montée en échelle de la fabrication de ces produits, un autre challenge.» Il faudra aussi obtenir les autorisations de mise sur le marché, faire de la veille et, évidemment, s'assurer de la présence d'un soutien financier pérenne pour le domaine. «Dans cinq ans, j'espère voir les premiers produits arriver de différentes zones du monde et dans dix ans, que leurs quantités soient significatives.» Il est certain que deux ou trois *nuggets* dans un restaurant de Singapour, ce n'est pas ce qui guérira la planète!

Le marché reste donc très ouvert pour le moment. Il est essentiellement occupé par les États-Unis et les Pays-Bas, pionniers de la viande cellulaire. «Les États-Unis sont passés devant parce qu'ils ont tout pour que cela se fasse dans de bonnes conditions. C'est le pays de l'innovation, les investisseurs sont moins craintifs à l'idée de prendre des risques. C'est donc un terreau fertile pour ce genre de nouveautés.» En Asie, les choses avancent également. «Ça bouge de plus en plus un peu partout. Et ce qui est intéressant, c'est la volonté des gouvernements à soutenir le domaine. Et leur intérêt aidera sûrement au niveau de la réglementation.» Aux Pays-Bas, par exemple, une subvention de soixante millions d'euros est d'ailleurs sur le point d'être allouée à la construction d'un réseau de développement de produits issus de la culture cellulaire. Comme quoi, quand les gouvernements mettent la main à la pâte....

En France, quelques entreprises ont commencé à investir ce marché de niche, parmi lesquelles Gourmey, connue pour ses foies gras végétaux, et Vital Meat, pour la viande de volaille. Nathalie Rolland considère important «qu'il y ait des entreprises un peu partout sur la planète pour réduire le plus possible le risque de monopole. Et que l'on retrouve dans les produits de demain la même diversité alimentaire que celle qui existe aujourd'hui. » Certaines personnes ont, en effet, peur de ne plus avoir accès qu'à des produits très standardisés. « Nous sommes très contents de voir que plusieurs acteurs travaillent sur des types de viandes différentes. »

Étonnamment, la recherche académique ne s'est encore que peu – voire pas – tournée vers le développement de produits de l'agriculture cellulaire. « Ceux qui s'y intéressent travaillent plutôt sur l'impact environnemental, l'acceptation par les consommateurs et un peu sur les questions économiques, mais pas directement sur la science qu'il y a derrière ce type d'agriculture. »

En 2021, Agriculture cellulaire France publiait une tribune dans le quotidien *Le Monde*[51] pour soutenir le développement du domaine. Parmi les signataires, des chercheurs et un homme politique, le vétérinaire et ex-député La République en marche Loïc Dombreval, qui avait déjà appelé en 2020[52], à « lever le tabou sur la viande créée en laboratoire ». Selon lui, « il faut avoir du courage pour dire publiquement qu'on soutient le développement de ces produits. Dans d'autres pays, c'est plus simple. Il pourrait être intéressant de réitérer une action de ce type pour voir s'il y a de nouveaux soutiens. Avec le temps, cela évoluera de toute façon dans ce sens-là. »

Chez les industriels, cela commence à prendre puisque Nestlé, le géant suisse de l'agroalimentaire a annoncé il y a quelques mois le co-développement de produits avec l'entreprise israélienne Garden Gourmet, qui produit des substituts végétaux à la viande.

51. Voir La Tribune de Nathalie Rolland, « Agriculture : "La viande cultivée se voit déjà privée de cantine", *Le Monde*, 21 avril 2021.

52. Tribune de Loïc Dombreval, « Pour le député LREM Loïc Dombreval, il faut "lever le tabou" sur la viande créée en laboratoire », *Le journal du Dimanche*, 29 février 2020.

Avec cette annonce, Nestlé montre que « l'industrie s'intéresse concrètement à ce marché et veut faire en sorte d'accélérer les choses », traduit Nathalie Rolland. « Même si peu de choses ont été rendues publiques, nos discussions avec des industriels prouvent qu'ils comprennent tout le potentiel de cette technologie et qu'il y a un vrai changement au niveau des consommateurs, une tendance de fond. Comme nous l'ont dit certains, il en va de leur survie de bien comprendre ce qui se passe. » L'intérêt est donc bien là, mais la grande majorité des projets étant encore dans les tuyaux de la R&D, il faut attendre pour en voir les fruits. « Dans tous les cas, les industriels sont curieux et veulent comprendre cette tendance. Ils veulent connaître les agissements de leurs concurrents et obtenir des informations sur la perception et le niveau d'adhésion du consommateur. » De manière générale, et parfois à grands coups de *greenwashing*, les industriels sont prêts à développer des produits qui auront un meilleur impact sur la société. « Ils ont presque tous fait un premier pas vers le végétal. Rares sont les entreprises agro-alimentaires qui ne proposent pas de gamme végétarienne. Et cette gamme, c'est la première marche vers les produits de l'agriculture cellulaire. »

En face, la « Résistance » s'organise, essentiellement portée par d'autres intérêts financiers à défendre. « Cela se comprend. Certaines personnes voient notre domaine comme un concurrent. La demande en viande va augmenter dans les prochaines années et de toute façon, ceux qui s'inquiètent ne pourront pas y répondre. Il faudra bien que quelqu'un vienne combler le vide ! Pour nous, l'agriculture cellulaire est complémentaire de l'agriculture classique. Il y a une demande pour des produits animaux et différentes alternatives qui se développent. Certains travaillent sur le végétal, d'autres sur les insectes, d'autres encore sur la biomasse. L'agriculture cellulaire est encore un autre type de solution potentielle. Plus il y a d'alternatives à l'élevage industriel, mieux c'est. Et à la fin, c'est le consommateur qui choisira ce qu'il préfère. »

### Viande cellu(n)aire

Un secteur dans lequel la viande issue de cultures cellulaires pourrait faire l'unanimité est celui du spatial. Les vols habités ou de ravitaillement ne peuvent en effet emporter qu'une quantité, ou plutôt une masse, limitée de denrées. Cultiver des végétaux ou de la viande sur place serait donc la meilleure des solutions. « On ne nous a pas attendus pour y penser. La NASA y travaille depuis plusieurs années déjà pour nourrir ses spationautes », conclut Nathalie Rolland. L'entreprise israélienne Aleph Farms a également travaillé avec la Russie sur le développement de cette viande dans l'espace. Des séries et des films de science-fiction évoquent aussi le fait de pouvoir synthétiser la viande. Cela pourrait être utile à ceux qui seront envoyés dans l'espace pour des missions longues. Mais aujourd'hui, l'espace n'est pas ce qu'il y a de plus important pour la filière parce que ce n'est pas dans le nombre d'astronautes que se trouve l'impact environnemental !

# III

# Comment soignerons-nous demain ?

« Le meilleur médecin est la nature : elle guérit les trois quarts des maladies et ne dit jamais de mal de ses confrères. »

Louis Pasteur

# 3.1

# Au commencement des cellules souches

Entretien avec
Nicole Le Douarin

Nicole Le Douarin est embryologiste, professeure émérite au Collège de France et secrétaire perpétuelle honoraire de l'Académie des sciences. Elle est surtout une pionnière de la biologie du développement par ses travaux de marquage des embryons pour suivre pas à pas le développement des différents feuillets embryonnaires, qui définiront les futurs organes.

Quand on parle d'embryologie en France, un nom revient systématiquement : Nicole Le Douarin. Elle est reconnue par l'ensemble de la communauté scientifique de son domaine pour avoir créé, en 1969, les premiers embryons chimériques – obtenus grâce à une greffe partielle de moelle épinière d'embryon de caille sur des poulets – dans le but d'observer le devenir des cellules embryonnaires. Récompensée pour ses multiples travaux et ses apports à l'embryologie moderne, aujourd'hui âgée de 92 ans, toujours vaillante et curieuse, elle reste à l'affût des évolutions, des questionnements éthiques et de l'ouverture de son domaine vers les biotechnologies. En 1999, elle déclarait à une journaliste du quotidien *La Croix* : « Quand on prend de l'âge, les gens [...] vous confient plein de fonctions et de missions, comme la coordination des sciences du vivant. C'est très intéressant et très amusant. Mais ça ne vaut pas la recherche. » Cette grande dame de science au parcours unique nous reçoit chez elle pour un entretien qui ouvre la partie biomédicale. Retour sur l'éclosion de l'embryologie.

Pourriez-vous nous décrire votre parcours ?

Agrégée de sciences naturelles, j'ai été professeure dans l'enseignement secondaire pendant sept ans. Mais après deux années à ne faire que ça, pour ne pas me lasser, j'ai voulu découvrir en même temps le monde de la recherche.

Ma carrière de chercheuse a débuté en 1962 à l'Institut d'embryologie de Nogent-sur-Marne, un laboratoire, aujourd'hui disparu, qui était sous tutelle du Collège de France, de Sorbonne Université[53] et du CNRS et qui était dirigé par celui qui deviendra par la suite mon directeur de thèse, Étienne Wolff. Ce dernier avait aussi un profil atypique puisqu'il a d'abord été licencié ès lettres avant d'être agrégé de sciences naturelles et d'obtenir son doctorat en biologie du développement à l'École de médecine de Strasbourg tout en professant la philosophie en lycée. À la fin de la Seconde Guerre mondiale, pendant laquelle il a été fait prisonnier, il crée un laboratoire de biologie du développement à l'université de Strasbourg avant d'être nommé professeur au Collège de France. Ses recherches étaient financées par le CNRS qui lui avait alloué une grande maison bourgeoise – un don du Collège de France – située au cœur du bois de Vincennes. Il y avait là un grand espace dans lequel Étienne avait installé son laboratoire, et un appartement qu'il occupait.

Quand je suis arrivée à l'Institut d'embryologie pour préparer un doctorat, il en avait pris les rênes deux ans auparavant. J'avais alors 33 ans. J'étais une chercheuse tout à fait marginale, puisque j'avais un métier et fondé une famille, mais je trouvais

53. Anciennement université Pierre-et-Marie-Curie, Paris 6.

quand même le temps pour aller au laboratoire. Je me suis très bien entendue avec Étienne Wolff qui a toujours fait preuve d'une grande largeur d'esprit. Deux ans après ces débuts, j'ai été détachée de mon poste de professeure de lycée et recrutée comme chercheuse au CNRS. Dès lors, j'ai pu consacrer tout mon temps à la recherche pour soutenir ma thèse. Ensuite j'ai exercé le métier de professeure d'université pendant quelques années, d'abord à Nantes puis à Paris. En 1975, j'ai pris la succession d'Étienne Wolff à la tête de l'Institut lorsqu'il a pris sa retraite, et c'est à lui que je dois d'être aujourd'hui chercheuse.

### Vous êtes considérée comme une pionnière de la biologie du développement

J'étais fascinée par la transformation d'une cellule unique, l'œuf fécondé en un organisme complexe. Et c'était vraiment quelque chose de formidable pour moi que de pouvoir faire des expériences sur l'animal plutôt que sur des cellules en culture, ce qui se faisait beaucoup. L'embryon de poulet, qui était le modèle le plus représenté dans le laboratoire d'Étienne Wolff, se prêtait bien à ce type d'expérimentation. En effet, cet embryon est très proche de celui des mammifères aux stades précoces du développement et il présente l'avantage de se développer en dehors de l'organisme maternel, donc d'être accessible à l'expérimentation. À l'époque, beaucoup d'embryologistes adoptaient l'embryon de grenouille comme modèle du développement des Vertébrés.

J'ai décidé de travailler sur le développement du système nerveux et du système vasculaire. Mes observations ont été publiées dans des journaux importants et cela a attiré des étudiants. Ainsi, j'ai succédé à mon maître à la tête de l'institution qu'il avait créée. C'est à ce moment-là, en 1988, que j'ai été nommée Professeur au Collège de France. Il s'agissait d'une promotion particulièrement importante, j'étais la deuxième femme à occuper un poste dans cette institution, auparavant réservée aux hommes. J'ai continué à travailler ainsi jusqu'à l'âge de 70 ans, l'âge de la retraite pour les professeurs. Mais je suis toujours, avec grand intérêt, ce qui se passe dans mon domaine.

À la fin de votre carrière, sur quel sujet travailliez-vous ?

Je dirigeais des étudiants avec lesquels je travaillais toujours sur deux thèmes qui me sont chers : le développement du système nerveux et celui du système immunitaire. Ces deux systèmes sont très importants pour la régulation du développement et son adaptation au milieu extérieur. J'ai eu beaucoup de plaisir à travailler sur ces sujets. J'avais vraiment trouvé ma voie qui ne me paraissait pas être un travail, mais une source de plaisir. Parallèlement, j'ai pu mener une vie familiale. Mon mari, malheureusement disparu, était lui aussi chercheur, et j'ai élevé deux filles auxquelles nous avons transmis notre passion pour la science et ses applications puisqu'elles sont médecins toutes les deux.

Le bien-être animal est aujourd'hui une préoccupation de la population. Les modèles animaux sont-ils obsolètes ?

Les modèles animaux sont toujours utilisés. Cependant, de nombreuses méthodes, très diversifiées, de culture des cellules in vitro ont été mises au point et facilitent l'analyse expérimentale de très nombreux problèmes posés par les mécanismes de l'embryogenèse. Ces méthodes permettent d'associer des cellules de différentes manières et ainsi de suivre certains processus du développement dans des conditions nouvelles et fructueuses. Certains de ces « organoïdes », que l'on obtient in vitro à partir de cellules de l'embryon, sont intéressants parce qu'ils révèlent le stade de leur évolution jusqu'auquel les cellules en voie de se différencier[54], c'est-à-dire de se spécialiser pour devenir le système nerveux, du sang ou encore du muscle peuvent « régresser » et prendre une autre voie dans leur développement.

---

54. Spécialiser.

De telles expériences ont été réalisées avec des embryons de poulet, comme j'ai pu le faire, ou des embryons de souris ou d'amphibiens. On soumet certaines cellules de l'embryon ou l'embryon entier à divers stimuli afin de chercher les voies biochimiques empruntées par les cellules pour se différencier soit en cellules de l'ectoderme, lequel va être à l'origine du système nerveux et de la peau, soit en cellules de l'endoderme, qui est lui à l'origine du tube digestif, du foie, du pancréas et de la couche interne de l'estomac, soit encore en cellules du mésoderme, qui fournira entre autres les os, le cœur et la couche de cellules internes qui forment la partie digestive de l'estomac. Le mésoderme est extrêmement important pour que chaque zone de l'ectoderme et de l'endoderme se dirige vers un type de différenciation particulier.

Pour arriver à découvrir cela, il faut d'abord être capable de savoir à partir de quelle région de l'embryon très précoce et de quelles cellules vont se former les trois feuillets embryonnaires : l'ectoderme, l'endoderme et le mésoderme. Et à partir de quel stade ces cellules, encore embryonnaires, c'est-à-dire toutes ou presque identiques, se spécialisent génétiquement de façon progressive au sein des feuillets embryonnaires.

Pour obtenir un estomac et non un foie par exemple à partir de l'endoderme, il faut qu'un signal chimique soit présent dans une certaine zone de l'embryon. Et c'est ce signal chimique que j'étudiais pour savoir quelles parties de l'embryon deviendraient l'estomac, le cerveau et quelles autres le tube digestif. Et surtout, à quel stade et comment cela se décide.

Avec mon équipe, nous recherchions aussi les facteurs de détermination qui définissent l'orientation que prendra la cellule embryonnaire encore indifférenciée, ainsi que les facteurs de croissance nécessaires à ces évolutions. Ce que l'on appelle « différenciation » est l'expression de cette détermination vers un tissu particulier, pour donner un foie, un estomac ou un œil, par exemple. Il s'agit de processus extrêmement complexes. Il faut bien avoir en tête que tout cela provient d'une seule cellule, l'œuf, qui est dite « totipotente », parce qu'elle peut, en se multipliant, produire tous les types de cellules que l'on trouve dans un organisme adulte. Tous ces signaux vont faire qu'une cellule œuf totipotente n'a qu'une détermination, celle de devenir un humain, une grenouille ou un poisson. Mais à l'intérieur de chacun de ces groupes d'animaux, il y a encore de nombreux choix à faire pour obtenir un individu complet bien organisé. Il faut donc bien connaître et comprendre l'origine des signaux génétiques, leur nature biochimique et leurs effets.

Au cours du développement de l'embryon, si l'on veut obtenir un foie, par exemple, on sait qu'il faut de l'endoderme. C'est le résultat de nombreux essais réalisés pour connaître le devenir de chaque région de l'embryon, à un stade où tout est apparemment semblable, mais en réalité, en isolant telle ou telle partie de l'embryon, de la tête à la queue, on n'obtient pas le même résultat selon le stade du développement auquel on opère. Cela signifie qu'il y a déjà une détermination au niveau génétique pour fabriquer une bouche, un estomac ou un tube digestif.

J'ai longtemps observé l'embryon très précoce dans lequel toutes les cellules paraissent être les mêmes, alors qu'en réalité, il y a déjà un axe antéro-postérieur (avant-arrière) et un axe dorso-ventral (dos-ventre) qui sont déterminés. Je plaçais des marques colorées à différents endroits de l'embryon et je tentais de les repérer une fois que tous ses organes s'étaient formés. Cela me permettait de savoir exactement d'où provenaient l'estomac, le foie et les autres organes. J'ai pu construire ainsi une sorte de carte dynamique de l'embryon précoce. En étudiant ces cartes, nous pouvions étudier comment toutes les cellules d'un embryon, qui sont à l'origine toutes identiques et temporairement totipotentes, se spécialisent progressivement. Nous avons pu observer ainsi que l'axe antéro-postérieur, qui définit ce qui sera la tête et ce qui sera l'extrémité postérieure, est présent précocement.

Avec mes collaborateurs, nous avons montré que pour déterminer la zone de l'embryon précoce qui fournira le foie par exemple, il faut que les cellules de cette zone aient été influencées par les cellules avoisinantes, de sorte que pour chaque stade précis du développement, une carte particulière soit établie. Mais en suivant l'évolution des cellules de chaque point de cette carte, on observe qu'elles changent de position les unes par rapport aux autres en subissant diverses influences de leur environnement qui seront décisives quant à leur destin. Et c'est la nature de ces influences que nous cherchions à élucider.

Comment réalise-t-on ces observations ? En pratiquant des greffes sur l'embryon *in ovo*[55] et en mettant en place des cultures de cellules.

### Comment l'embryologie a-t-elle évolué depuis que vous travaillez dans ce domaine ?

Il y a toujours des chercheurs qui travaillent sur l'animal. Tout ce que l'on trouve en culture de cellules doit être vérifié chez l'animal. Un processus étudié in vitro doit se retrouver sur l'animal au même stade. La différence entre les cellules cultivées in vitro et ce qui se passe au cours du développement d'un œuf c'est qu'in vivo, ce développement suit un parcours extrêmement rigoureux. Au début du développement, il n'y a qu'une cellule, l'œuf, qui va d'abord se multiplier et toutes les cellules qui résultent de ces multiplications paraîtront, pour un temps, identiques avant de se différencier progressivement. Pour cela, il faut qu'il y ait des interactions entre les cellules, et que les cellules issues de ces divisions cessent assez rapidement d'être toutes semblables. Ce processus de détermination du sort des cellules embryonnaires varie selon les espèces. Chez certaines, il est très précoce, chez d'autres, il est beaucoup plus tardif.

55. Dans l'œuf.

Des travaux ont aussi été réalisés sur l'embryon d'un mammifère – la souris. Ils ont permis de développer in vitro des mini-organes bien organisés en suspension dans un milieu liquide contenant un mélange de facteurs de croissance. Pour obtenir ces « organoïdes », on prend une cellule dans un embryon à un stade et un endroit précis et on la dépose dans un milieu où elle va pouvoir se multiplier et évoluer vers un type de tissu particulier.

On peut déterminer ainsi la nature des molécules qui conduisent la cellule, originaire d'un endroit précis, à devenir une cellule de foie par exemple, alors que si l'on sélectionne la cellule à un stade plus précoce et qu'on la place dans un environnement différent, elle fournira un autre type cellulaire. Chez l'homme comme chez de nombreuses espèces, au départ, les cellules de chaque zone de l'embryon sont pluripotentes[56], puis au cours du développement, chaque zone prise individuellement va se différencier et donner des tissus ou des organes différents. Et ces tissus ou ces organes seront toujours les mêmes si les cellules sont issues de la même zone de l'embryon, au même stade. Parce que tout cela est très évolutif.

Le métier d'embryologiste, tel que je le pratiquais à une époque, consiste entre autres à étudier la façon et le moment où la destinée de chaque partie de l'embryon ne peut plus être modifiée. Mais il y a un stade où n'importe quelle partie de l'embryon, si on lui fournit ce qu'il faut pour survivre, va se développer en un embryon entier. Cela signifie qu'à ce moment-là, il n'y a pas encore de détermination. Au bout d'un certain temps, les différentes zones de l'embryon vont perdre leur pluripotentialité et ne fourniront plus qu'un seul organe. Dès lors les capacités de différenciation des cellules de l'embryon sont définitivement déterminées. On arrive donc à suivre le destin d'une cellule œuf d'humain ou de souris jusqu'à l'aboutissement d'un individu

56. Capables de se différencier en un nombre limité de types cellulaires différents.

entier. En partant de cette même cellule, on peut aussi obtenir une culture de cellules musculaires ou de tissu squelettique, par exemple, mais sans interaction avec d'autres cellules, ces cellules ou ce tissu n'iraient pas très loin.

De fait, on peut dire que l'embryologie s'est transformée parce qu'il y a de plus en plus d'exploration sur la nature des messages que s'échangent les cellules au cours du développement. Ces messages doivent être très précis pour que se développe un humain, une souris, un escargot ou n'importe quel autre être vivant, mais il faut qu'il y ait un ordre. Cet ordre s'établit parce que les cellules interagissent les unes avec les autres, et que des champs de différenciation se forment selon la zone corporelle. Fabriquer un organisme à partir d'une cellule est à la fois complexe et extraordinaire !

L'embryologie a aussi évolué dans la façon de conduire, in vitro, des cellules souches isolées à devenir du foie ou du cerveau. On s'attache à comprendre ce qui est nécessaire pour que chacune de ces cellules devienne un organe, c'est-à-dire à étudier les signaux qui sont produits et qui agissent au niveau de l'ADN des cellules qu'ils ciblent. On parle de « facteurs inductifs », qui produisent des signaux transmis de cellule à cellule. Chez certaines espèces, dont l'homme, chacune des cellules d'un embryon précoce peut fournir toutes les parties d'un organisme, tout dépend du type de signaux environnementaux qu'elles reçoivent au cours du développement. Et c'est en imitant in vitro ces signaux que l'on peut étudier et diriger l'évolution d'un tissu. Pour finir, on parvient à établir cette « carte du développement embryonnaire », celle de l'embryon très précoce dont les cellules sont apparemment toutes identiques, mais ont des destins particuliers.

### Quelles sont les grandes avancées récentes ?

On peut citer l'étude de plus en plus précise du destin des cellules. On observe en effet des stades du développement qui sont très fragiles, au cours desquels si l'on change quoi que ce soit, cela va modifier complètement la destinée des cellules et générer des anomalies du développement de l'embryon, voire le stopper. Au début du développement, il faut pouvoir vérifier que l'œuf se divise en cellules identiques et ce n'est pas si simple. Mais c'est comme cela que l'on comprend le développement puis le fonctionnement des cellules. L'embryologie et la biologie cellulaire sont des sciences interconnectées, vous ne pouvez pas pratiquer l'une sans l'autre.

Ce lien est patent lorsque l'on s'attaque aux maladies. Pour certains types de cancers, on sait exactement pourquoi la cellule devient cancéreuse, grâce à des expériences de ce type. Quand des cancers apparaissent, on observe une tendance qui aurait dû s'arrêter, mais qui persiste de manière anormale. Si l'on s'y prend assez tôt, on peut éventuellement agir avant que se développe un cancer. Pour comprendre cette maladie, il faut commencer par comprendre pourquoi une cellule, au lieu de suivre le parcours pour lequel elle est destinée, se met à proliférer indéfiniment, devient de plus en plus anormale et, dans le pire des cas, tue l'organisme dans lequel elle prolifère.

L'interconnexion entre la biologie du développement et la biologie cellulaire fait que, chaque année, les résultats de la recherche dans ces domaines sont présentés lors de grands congrès interdisciplinaires auxquels participent notamment des anatomopathologistes, qui représentent une discipline très importante aussi puisqu'ils travaillent sur les derniers stades du développement. Certains chercheurs se concentrent sur des stades encore plus précoces que ceux sur lesquels j'ai travaillé et au cours desquels ils ont pu modifier le milieu extérieur de manière à arrêter le développement des cellules issues de l'œuf, afin qu'elles continuent à se développer à ce stade sans aboutir à l'embryon. Nous avons encore tellement à apprendre…

### Quelle est la place de l'entreprise et du transfert technologique ?

Le transfert technologique est souhaitable, car l'entreprise permet la mise en activité de l'état des connaissances, des résultats de la recherche. C'est la même chose pour la médecine. Dans le panorama des connaissances et de leurs applications, on commence par rechercher l'origine des événements, puis on les étudie stade par stade. Chaque étape aboutit, à un moment ou un autre, à des applications que l'on retrouve dans la santé humaine, mais pas uniquement.

La science, c'est la vie. À partir de l'apparition de la vie sur la Terre, dont on ignore encore tout et donc qu'on ne peut qu'imaginer, un certain nombre d'organismes sont restés à des stades qui ressemblent aux cellules initiales quand d'autres ont évolué progressivement. L'humain se situerait tout en haut de l'échelle parce qu'il y a un organe et un type d'associations et d'interactions particulier entre les cellules qui se sont développées chez lui, mais que l'on ne retrouve pas de la même manière et pas aussi bien chez les autres animaux. Toutes les étapes par lesquelles nous passons existent en principe chez les animaux ou les organismes qui sont restés à des stades plus simples, même chez les cellules isolées.

Il y a donc des destins très différents, et pourtant les cellules ne sont pas très différentes les unes des autres. Mais lorsque l'on fouille, et c'est aussi cela le travail des embryologistes, on découvre ce qu'il y a de particulier dans un œuf humain ou dans celui qui va donner un autre organisme.

### Alors que certains crient à l'eugénisme, que pensez-vous de la possibilité de choisir les embryons dans les processus de procréation médicalement assistée et dans l'élevage ?

Il est compréhensible de sélectionner les embryons et ceux qui sont susceptibles de survivre. Avoir un enfant par ce type d'expérimentation implique qu'au cours du développement d'un embryon des stades se déroulent avec succès en fonction de sa vitalité. Cela pose incontestablement un problème moral. Dans la nature, personne n'intervient excepté le milieu extérieur. Mais il est possible de guider le milieu extérieur et c'est ce que l'on fait quand on prélève l'œuf de la mère et qu'on l'y réimplante ensuite. L'humanité se permet de le faire. Le fait que certaines personnes puissent avoir un enfant uniquement si une partie de son développement se déroule in vitro est une réelle avancée.

Quant à ceux qui parlent d'eugénisme, le fait qu'il soit techniquement possible de sélectionner des embryons pour choisir la couleur des yeux ou toute autre caractéristique physique, c'est de la littérature ! Mais cela me laisse quand même perplexe. La question est davantage de savoir s'il faut vraiment chercher à le faire. Chez l'animal, il y a un tri permanent pour avoir de belles vaches qui donnent beaucoup de lait. Pour le végétal aussi. Alors je ne suis pas devin, mais l'humain étant ce qu'il est, peut-être cela se produira-t-il un jour.

# 3.2
# Épatants hépatocytes !

D'après un entretien avec
Bruno Clément

Biologiste cellulaire et moléculaire, Bruno Clément est directeur de recherche à l'Inserm, fondateur et directeur de l'Institut NuMeCan (Nutrition, métabolismes et cancer), unité mixte de recherche de l'Inserm, l'Inrae et l'Université de Rennes. Membre de l'Académie nationale de médecine, il est spécialiste de la physiopathologie du foie et du rôle du micro-environnement dans le fonctionnement des cellules hépatiques.

Au cours du XX^e^ siècle, l'exploration biomédicale des mécanismes qui président au fonctionnement et au destin de nos cellules a connu un boom extraordinaire grâce à des avancées technologiques toujours plus innovantes. Parmi les nombreuses et nouvelles pistes explorées, celle des cellules pluripotentes induites a permis de révolutionner la recherche, l'innovation et la médecine en ouvrant la porte sur de nouvelles perspectives de traitements testés non plus sur des animaux ou de simples cultures de cellules in vitro, mais sur de véritables petits organes cultivés en laboratoire. Organes ? Non, organoïdes.

L'étude du micro-environnement qui entoure la cellule et module son phénotype[57] lors de leur croissance et de leur fonctionnement normal et pathologique y compris lors de la survenue et de la progression des cancers est un terrain de recherche incroyablement vaste. En cela, l'hépatocyte[58] est un modèle de cellule extraordinaire, car il accomplit de multiples fonctions hautement spécialisées. L'équipe de l'Institut NuMeCan s'intéresse à la physiopathologie du foie en utilisant des modèles sophistiqués de cultures de cellules hépatiques. Le laboratoire de Rennes est d'ailleurs le premier au monde à avoir cultivé des hépatocytes humains, ce qui a permis de faire progresser la compréhension des mécanismes moléculaires impliqués dans la différenciation, la prolifération et la transformation de ces cellules si particulières, ainsi que du rôle du micro-environnement dans ces différents processus.

L'Institut NuMeCan étudie notamment les cellules progénitrices, légèrement avancées dans leur différenciation vers un destin d'hépatocyte ou de cellule biliaire, ainsi que le rôle de la fibrose[59] (donc du micro-environnement) dans la réponse au stress cellulaire, la réparation tissulaire suite à des agressions exogènes et endogènes, et le processus de cancérisation de l'organe.

Deux tiers environ du répertoire du génome d'un individu sont actifs dans chacun de ses hépatocytes, ce qui en fait un modèle d'étude de la régulation des gènes extrêmement passionnant, mais très complexe à aborder. L'hépatocyte est la seule cellule à utiliser autant d'informations codées dans son génome. Il est donc capable d'exprimer un nombre considérable de fonctions. Ce qui implique une régulation extrêmement complexe puisqu'un foie de 1,5 kg est constitué d'hépatocytes à près de 80 % et que chacun

57. Ensemble des caractères exprimés du génome.

58. Cellule épithéliale du foie.

59. Accumulation de tissu cicatriciel fibreux suite à la destruction d'hépatocytes.

d'eux accomplit les principales fonctions du foie : production de protéines plasmatiques, détoxification, stockage des lipides, des glucides et des protéines… Toute la machinerie hépatique est ainsi retrouvée en grande partie dans chaque cellule.

Mais on ne peut pas dire pour autant que les hépatocytes ne sont pas des sortes de mini-organismes indépendants au sein du foie puisqu'ils ne peuvent pas fonctionner ni survivre sans la présence des autres cellules. En effet, lorsque les hépatocytes sont mis en culture de façon isolée, tout le répertoire génétique de ces cellules différenciées s'effondre en quelques heures. Une grosse partie des travaux de l'équipe a consisté à comprendre pourquoi et comment le restaurer en jouant sur le micro-environnement des hépatocytes en les plaçant en co-culture – dans des cultures bi- ou tridimensionnelles – ou en leur apportant un support de matrice extracellulaire.

À partir de fragments de pièces opératoires de foie, la dissociation du tissu par la collagénase, une enzyme qui dissout la matrice extracellulaire et rompt les jonctions entre cellules, permet d'obtenir des hépatocytes individualisés, lesquels adhèrent parfaitement sur du plastique ou sur un substrat matriciel. Il suffit alors d'ajouter un autre type cellulaire pour obtenir une co-culture. Mais pas n'importe quel type cellulaire. Il y a quarante ans, le laboratoire dirigé à l'époque par Christiane et André Guillouzo a mis au point une technique de co-culture avec des cellules biliaires qui sont directement au contact des hépatocytes dans l'organisme entier. En restaurant un environnement propice, il a été ainsi possible de cultiver in vitro des hépatocytes humains, pendant plusieurs semaines voire plusieurs mois alors que les hépatocytes en culture conventionnelle mouraient en quelques jours. Qui plus est en conservant leurs fonctions, parmi lesquelles des fonctions très complexes comme la biotransformation des xénobiotiques[60],

60. Produit présent dans un organisme, mais qui lui est étranger

notamment les médicaments qui nécessitent un système enzymatique particulier pour les métaboliser.

La seconde avancée, au cours des années 1990, fut l'isolement à partir d'un foie humain développant un cancer primitif, d'une lignée très particulière d'hépatocytes : les cellules HepaRG. Aujourd'hui utilisée par des centaines de laboratoires dans le monde, la lignée HepaRG correspond à des cellules progénitrices à l'origine de deux lignages : celui des hépatocytes et celui des cellules biliaires. Elle est donc capable de former dans certaines conditions une co-culture produisant des travées d'hépatocytes bien différenciés, entourées par des cellules biliaires. C'est une lignée qu'il est possible d'entretenir au long court et qui exprime à de très hauts niveaux la plupart des fonctions hépatiques, notamment les fonctions de détoxication et de biotransformation des médicaments, et d'autres, xénobiotiques, comme les produits chimiques présents dans notre environnement.

### Du labo à la biotech

À partir de ses travaux, le laboratoire de Rennes a fondé en 1993 une des premières start-up de l'Inserm, Biopredic International[61], qui commercialise des produits biologiques et distribue des hépatocytes, notamment la lignée HepaRG. Pour en arriver là, de nombreuses technologies (congélation, immobilisation dans des sphéroïdes, etc.) ont été développées. L'Inserm détient toujours le brevet de la lignée HepaRG qui lui garantit l'exclusivité de sa distribution. Bien avant la Loi sur l'innovation et la recherche de Claude Allègre en 1999, les membres du laboratoire ont mis la main à la poche et ont fondé Biopredic. La start-up a été rapidement sollicitée par de nombreuses entreprises, en France et à l'étranger – de la Big Pharma, telles que Servier, Rhône Poulenc (future Sanofi), Pierre Fabre, Pfizer, etc., à la start-up biotech –,

61. www.biopredic.com.

intéressées par des hépatocytes d'origine humaine, afin de tester, rapidement et à moindre coût, le métabolisme et la toxicité de leurs molécules candidates.

Aujourd'hui, Biopredic oriente ses travaux vers les organoïdes hépatiques et les réseaux vasculaires et biliaires. Un organoïde est un système cellulaire qui replace le mieux possible la cellule dans son contexte et permet le rétablissement de ses fonctions. Une version miniature et simplifiée, mais réaliste d'un organe en somme. En clair, l'organoïde doit résumer les fonctions d'un organe. Pour cela, il faut passer par une restauration de l'architecture en trois dimensions. Mais utiliser des organoïdes pour cultiver des hépatocytes n'est pas une obligation. Il est tout à fait possible de produire des organoïdes de foie à partir de cellules souches hépatiques.

La lignée HepaRG convient très bien pour effectuer de nombreuses études de toxicologie de médicaments, par exemple.

Il y a quarante ans, le laboratoire NuMeCan produisait déjà des boules d'hépatocytes de porc tout à fait fonctionnelles. Comme Monsieur Jourdain dans *Le Bourgeois gentilhomme* de Molière, le laboratoire de Rennes fabriquait des organoïdes sans le savoir. Biopredic les produit aujourd'hui à partir de cellules déjà différenciées. Reste qu'il faut être prudent, car il n'y a encore que peu de travaux publiés sur les organoïdes, les cellules souches pour les produire restent très coûteuses et ce système peu stable. Mais pour la recherche fondamentale, c'est un véritable trésor.

Le but est d'essayer de populariser les organoïdes pour des applications en biotechnologie, voire pour des applications thérapeutiques. Mais comme indiqué précédemment, s'ils sont pratiques, ils ne sont pas nécessaires.

Une des cibles de Biopredic est donc la biotechnologie des cellules hépatiques. Dans les travaux académiques qui ont présidé à sa création, il y avait deux aspirations : la recherche et le service. L'entreprise est la preuve que, contrairement au dogme, une start-up de service peut être pérenne. Même si Biopredic a quitté son nid, l'Inserm, l'entreprise conserve l'exclusivité de l'exploitation de brevets déposés par l'institut, ce qui lui a permis de se développer. La partie service de l'entreprise a pour mission de tester des médicaments et fournir des hépatocytes et des produits biologiques dérivés aux équipes de recherche publiques ou privées. Dès son démarrage, elle disposait de toutes les technologies de conservation, en cryoconservation ou dans des milieux.

Cette complexité tenait principalement au coût des procédés à mettre en œuvre, en particulier celui des tests de toxicité. Une Big Pharma doit parfois tester plusieurs centaines voire plusieurs milliers de molécules susceptibles d'avoir l'effet médicamenteux recherché, sachant que, dans le meilleur des cas, une seule sera commercialisée. Depuis ses débuts, la force de Biopredic tient en sa capacité à fournir des cellules et des procédés pour faire du criblage à haut débit de la biotransformation et de la toxicité de ces candidats médicaments, sur n'importe quel tissu cible pour un coût modéré.

Aujourd'hui, l'Institut NuMeCan oriente ses travaux vers les organoïdes hépatiques. Un organoïde de foie est un système multicellulaire en trois dimensions, qui replace le mieux possible l'hépatocyte dans son contexte et permet le maintien de ses fonctions spécialisées. C'est une version miniature et simplifiée, mais réaliste d'un organe. Les organoïdes ont un double intérêt : cognitif, car ils permettent d'étudier précisément certaines fonctions très spécialisées et applicatives en biotechnologie et à plus long terme pour des applications thérapeutiques.

Pour cela, il faut passer par une restauration de l'architecture en trois dimensions. Il est tout à fait possible de produire des organoïdes de foie à partir de cellules souches hépatiques. La lignée HepaRG convient très bien pour effectuer de nombreuses études de toxicologie de médicaments, par exemple. Mais l'avancée la plus formidable de ces vingt dernières années, ce sont les cellules souches pluripotentes induites, ou *induced Pluripotent Stem cell* (iPS). À partir d'une cellule de peau, par exemple, il est désormais possible d'obtenir un organoïde qui récapitule la plupart des fonctions d'un organe complexe comme un foie. C'est un modèle extraordinaire pour la compréhension des mécanismes impliqués dans la différenciation cellulaire.

Un autre intérêt est de pouvoir créer des banques de cellules iPS de différentes catégories de population de façon à pouvoir générer des organoïdes ayant des caractéristiques particulières. Pour l'étude de la toxicité et le métabolisme des médicaments, il est ainsi possible d'analyser des réponses individuelles. Actuellement, tous les tests médicamenteux sont réalisés sur des populations relativement homogènes d'individus en bonne santé. Cependant, les populations sont hétérogènes et les individus peuvent être atteints de pathologies chroniques. Par exemple, environ 45 % des habitants des pays de l'Union européenne sont en surpoids, et l'obésité est devenue une véritable épidémie mondiale. Or le surpoids et les pathologies associées, comme le diabète, modifient le métabolisme des médicaments. Mais ce changement n'est pas pris en compte parce que les individus en surpoids ne sont que rarement inclus dans les premiers tests des médicaments. C'est la même chose pour les effets indésirables, difficiles à détecter. Les études de pharmacovigilance peuvent révéler des anomalies dans les résultats obtenus, mais ce n'est le plus souvent pas suffisant pour les remettre en cause.

L'Institut NuMeCan a développé un modèle d'organoïdes de foie surchargés en lipides, qui permet d'étudier in vitro les effets toxiques de certains médicaments dans des conditions physiopathologiques particulières qui miment l'obésité. Les projets actuels visent à préparer des organoïdes à partir de cellules iPS isolées d'individus présentant des effets indésirables de médicaments. Ceci permettra d'étudier les mécanismes moléculaires mis en jeu et d'identifier des biomarqueurs de réponses inappropriées à certains médicaments.-

Le développement actuel des organoïdes, produits à partir de cellules iPS, est une avancée majeure, tant cognitive qu'applicative. La capacité de proposer aux patients de produire, avec un minimum de geste invasif, des cellules iPS, et de pouvoir générer un organoïde complexe comme le foie est remarquable. En termes de progrès scientifique et biomédical, lorsque l'on se penche sur le futur des biotechnologies, c'est une technique qui devrait arriver dans le panel de nos solutions thérapeutiques. Mais il faut rester prudent, car cela nécessite énormément de recherche, de processus d'assurance-qualité et d'investissement financier. Des biobanques de cellules iPS sont en voie d'être créées. En théorie, à partir des cellules iPS d'un patient, il serait en effet possible de prescrire pour une maladie le médicament *ad hoc* en le testant sur un organoïde personnalisé. Obtenir une réponse rapide en termes d'efficacité et de toxicité permettrait ainsi d'ajuster la dose ou d'éviter des incompatibilités médicamenteuses. Par exemple, en créant des tumoroïdes[62] fonctionnels pour tester un médicament anticancéreux, il deviendrait possible de confirmer la destruction des cellules cancéreuses ou, au contraire, de voir si elles échappent au traitement et ainsi ajuster la dose de ce dernier.

Reste à savoir quel sera le modèle économique qui permettra le développement de cette technologie. L'exemple récent des CAR-T cells[63] montre que ces biotechnologies peuvent totalement passer dans le domaine commercial alors qu'il aurait été possible – et peut-être souhaitable – de mettre en place des productions académiques grâce à des financements publics, nationaux ou européens. Un autre exemple est celui du foie bioartificiel basé sur l'utilisation d'organoïdes d'hépatocytes de porc encapsulés dans des billes d'alginate pour traiter des patients atteints d'hépatite fulminante, foie bioartificiel mis au point dans le laboratoire rennais. L'application thérapeutique de ce travail n'a pas abouti et le projet a dû être abandonné, essentiellement par manque d'investisseurs privés susceptibles de prendre le relais du soutien académique.

62. Organoïdes constitués de cellules cancéreuses.

63. Les CAR-T Cells, « CAR » pour Chimeric Antigen Receptor (récepteur antigénique chimérique), sont des lymphocytes T prélevés chez les patients atteints de cancer et génétiquement modifiés pour reconnaître et éliminer les cellules cancéreuses du malade.

La production de cellules souches à partir d'organoïdes, elle, a le vent en poupe. Les organoïdes peuvent également être utilisés à des fins de régénération et de reconstruction tissulaires, comme à l'Institut de la vision, à Paris, où l'on peut restaurer une rétine lésée. Cependant, l'obtention de cellules différenciées à des fins thérapeutiques à partir de cellules iPS soulèvent de nombreux problèmes éthiques et techniques. On peut citer par exemple leur reproductibilité incertaine liée à une possible instabilité génétique. De plus, la modification (remaniement) intensive de certains chromosomes entraîne une hétérogénéité dans la production de cellules iPS, avec la formation de sous-clones qui rendent incertaine la maîtrise de leur qualité.

### Biotechnologie ou technobiologie ?

Il est important de bien définir de quoi on parle lorsqu'il s'agit de biotechnologies d'organoïdes. Il y a d'une part l'aspect ingénierie qui a pour objectif de constituer des organoïdes complexes à des fins applicatives, renfermant de nombreux types cellulaires, jusqu'à un système vasculaire complexe.

Il y a d'autre part l'aspect biologie cellulaire qui utilise les organoides à des fins cognitives pour comprendre des mécanismes moléculaires fondamentaux impliqués dans le développement des cellules ou des situations physiopathologiques spécifiques. Il s'agit de savoir ce que l'on veut faire et de poser la bonne question. Dans le cadre de l'évaluation de la toxicité médicamenteuse, nous avons vu qu'il est possible d'utiliser des organoïdes hépatiques. Mais il est également possible d'utiliser des modèles plus conventionnels basés sur des cultures cellulaires bidimensionnelles stables et éprouvées, lesquelles, même si elles ne permettent pas un criblage en profondeur, éliminent tout de même la plus grande partie des molécules toxiques pour un moindre coût et en moins de temps. De nombreux laboratoires travaillent à faire des organoïdes la méthode de criblage de médicaments de l'avenir, grâce d'une part au développement de la microfluidique, dont les techniques de manipulation des fluides permettent d'associer des organoïdes de différents types cellulaires (technique de « *body-on-chip* »), et d'autre part l'utilisation croissante de l'intelligence artificielle capable de gérer une masse considérable d'informations issues de tests biologiques, génomiques et d'imagerie cellulaire en 3D.

Biotech ou ingénierie, il faut les deux. Le séquençage du génome humain nécessitait un effort. Aujourd'hui, avec les technologies actuelles, cela prend dix minutes ! Depuis Hippocrate, le développement des sciences et de la médecine passe par celui des technologies, et les progrès technologiques précèdent souvent les progrès scientifiques. L'invention du microscope, l'idée de grossir un objet pour l'analyser a germé dans l'esprit d'un chercheur hollandais, Antoni van Leeuwenhoek, qui voulait mesurer l'épaisseur des fils des tissus chez les drapiers de Delft. Tout comme l'IRM n'est pas venue des biologistes et des médecins, mais des physiciens, et la PCR d'un chimiste, Kary Mullis. La science se nourrit de l'interdisciplinarité. Les biotechnologies n'échappent pas à la règle. Lorsque l'on développe d'abord une technologie innovante, on en cherche toutes les déclinaisons d'usage possibles. Mais il ne faut pas être négatif vis-à-vis de cette façon de voir les choses parce que l'application concrète de l'innovation médicale repose sur de l'investissement et des brevets. Et les brevets sont plus souvent technologiques que biologiques. Puisqu'on ne peut pas breveter le vivant, on brevette un outil qui permet d'analyser le vivant, ce qui déclenche une course entre les investisseurs publics et privés (essentiellement publics, d'ailleurs) pour contrôler l'accès à ces technologies.

### La balance de l'incertitude

Quand on parle d'éthique vis-à-vis des patients, le principe de base est simple : ne pas leur nuire, les informer clairement et être loyal, obtenir leur consentement, être bienfaisant, et faire évaluer son projet par les pairs. Va-t-on vous transplanter un foie ou un organoïde de foie ? Quel est le risque ? Est-il bien évalué ? Le patient est-il clairement informé du risque ? Accepte-t-il ce risque ? Tous les outils pour gérer cette situation existent, notamment la traçabilité, qui permet de remonter jusqu'au consentement du patient. Sur ce sujet, la législation française est unique en son genre. En matière éthique, nous sommes plutôt dans le peloton de tête. C'est un avantage qu'il faut à tout prix préserver.

La compréhension du rapport « bénéfice/risque » est cruciale pour les patients et les médecins. Comme l'exemple de la prise excessive de paracétamol qui peut entraîner une hépatite, tous les médicaments ont des risques associés à leur utilisation. Tout est une question de dosage et il faut évaluer les avantages et les risques de chaque traitement. Entrer à l'hôpital pour se soigner comporte également des risques.

Il est donc indispensable de développer une véritable culture scientifique chez les citoyens et d'accompagner les découvertes biotechnologiques par des efforts de communication, de vulgarisation et d'éducation à la santé. Et il faut avouer que la communauté scientifique n'est pas douée dans cet exercice. Revenons sur les cellules iPS et tentons d'analyser la balance « bénéfice/risque ». Il y a toujours un degré d'incertitude dans tout développement innovant et les chercheurs se doivent d'en expliquer l'origine. Dès les premières vagues de la pandémie de Covid-19, la communication était totalement floue, car entachée d'incertitudes. Pourtant l'incertitude est le principe même de la science. La science se doit de questionner tout et tout le temps et de remettre sans cesse en question ses propres certitudes. Mais c'est une culture qui s'apprend. D'autant plus que les citoyens peuvent être suspicieux vis-à-vis de la science et des experts scientifiques. Cela a été particulièrement vrai au début de la pandémie de Covid-19, mais il pourrait y avoir un gain à cela, car cette période a montré aux citoyens que la science, en biologie et santé, est un processus continu de débat, de dialectique et de controverses permanentes. Espérons que les populations l'aient perçu pour le meilleur.

Le débat sur les OGM, plus proche de la question des organoïdes et des cellules souches, a été complètement dévoyé par les agissements d'une entreprise, Monsanto. Ce que fait cette entreprise canadienne, aujourd'hui passée sous le giron du géant pharmaceutique et agrochimique allemand Bayer, est extraordinaire d'un point de vue scientifique. Mais pas du tout en termes de politique d'entreprise. Deux débats disjoints se sont mélangés : celui du principe même d'un OGM et ce que l'on en fait en termes économiques. Le business plan de Monsanto est de produire des OGM destinés à l'agro-industrie dans le but de vendre des produits phytosanitaires issus de l'industrie chimique. En France, OGM et chimie industrielle ont été mélangés, ce qui a rendu toute discussion stérile. Cela a diabolisé à la fois le débat et le principe même des OGM.

Parler d'éducation scientifique, c'est parler de culture scientifique. Sans culture, comment demander aux citoyens de subventionner une start-up de biotechnologie alors qu'ils sont déjà suspicieux sur l'économie en général, sur les investisseurs, sur la biologie ? L'astronomie est un exemple pour mettre en œuvre une communication efficace vis-à-vis du grand public. Les investissements sont chiffrés en milliards, bien plus qu'en biologie et santé, mais les astrophysiciens savent faire rêver et ces investissements sont admis par le grand public. Les biologistes sont bien souvent de mauvais communicants, toujours dans la compétition et incapables de s'entendre sur un discours commun. Pour inverser la tendance, il est important que la France développe une véritable culture scientifique, en s'appuyant notamment sur les avancées extraordinaires de la recherche et de l'innovation en santé.

# 3.3

# L'immunologie, au cœur de la recherche biomédicale

Entretien avec
Jean-François Bach

Jean-François Bach est médecin immunologiste. Ancien élève de l'école Polytechnique, il est membre de l'Académie des sciences dont il est secrétaire perpétuel honoraire depuis 2016. Il est également professeur émérite à l'université Paris-Cité et membre du Comité consultatif national d'éthique. Il s'est intéressé entre autres aux maladies auto-immunes et à l'action des anticorps monoclonaux.

Un des grands espoirs suscités par les biotechnologies réside dans ce que l'on appelle les biotechnologies rouges ou médicales. Depuis Louis Pasteur, premier biotechnologue, et la vaccination, les sciences de la vie se sont partagées le terrain de la santé avec la chimie qui garde néanmoins la main sur les médicaments. Mais la complexité de certaines pathologies et l'avènement prochain de la médecine personnalisée, en particulier de l'immunothérapie, font remonter les biotechnologies dans la course contre les maladies. L'immunologiste et académicien Jean-François Bach nous plonge dans son domaine au passé glorieux et au futur prometteur.

**Comment la recherche biomédicale a-t-elle évolué durant ces cinquante dernières années ?**

Cinquante ans se sont écoulés entre mon premier article publié dans la revue *Nature* et le dernier, il y a trois ans. De quoi pouvoir prendre un peu de recul. Dans les années 1970 et 1980, la recherche française en immunologie se portait très bien et elle était largement au niveau des autres nations de science, avec beaucoup de très grands noms récompensés par le prix Nobel de physiologie ou médecine, tel que Jean Dausset, en 1980, pour ses découvertes sur les structures génétiquement déterminées présentes à la surface des cellules qui régulent les réactions immunitaires, et Jules Hoffman en 2011 pour ses travaux sur l'immunité innée, c'est-à-dire présente dès la naissance. La période était plutôt glorieuse pour l'immunologie française, mais la compétition est aujourd'hui très rude.

On observe actuellement une dérive. La recherche – et c'est une opinion partagée par beaucoup de scientifiques – est bien trop soumise à la pression de la publication et des subventions. Les chercheurs s'inquiètent de ne pas pouvoir publier dans les trois ou quatre revues les plus prestigieuses – peut-être une dizaine si l'on compte les journaux très spécialisés –, ce qui est capital pour leur recrutement, leur promotion et leurs subventions. Mais cela fausse le jeu. C'est en particulier le cas pour les jeunes chercheurs, pour qui il est très difficile de s'extirper de ce mécanisme de la publication avant tout autre chose, le fameux « *Publish or perish* ». Ils y sont contraints, sinon leur carrière est en danger. Il est important de viser le travail original en soi, quitte, ensuite, à le gérer le mieux possible dans les publications. Avant, les chercheurs étaient beaucoup moins focalisés sur cet impératif de publication. C'est une tendance venue des États-Unis qui a largement atteint l'Europe, et en particulier la France. En tout cas, c'est une des raisons.

Par ailleurs, les grands organismes de recherche que sont le CNRS et l'Inserm distribuaient beaucoup plus d'argent pour le fonctionnement courant. Aujourd'hui, ils payent des salaires, les infrastructures, ce qui est déjà très bien, mais ils ne financent plus suffisamment la recherche, et l'argent doit être obtenu par des contrats. Ce qui n'est pas plus mal parce que cela permet de sélectionner les meilleures équipes. Mais en contrepartie, ce système donne moins de liberté qu'auparavant aux chercheurs, ce qui restreint leur inventivité. Nous avons publié cette analyse dans un rapport sur la recherche scientifique dont j'ai présidé l'écriture pour l'Académie des sciences[64]. Et ce rapport vaut pour toutes les sciences, de la physique jusqu'à la médecine en passant par les mathématiques, et il est particulièrement adapté à la biologie et à la biomédecine.

Comment la recherche en immunologie et, plus largement, la recherche biomédicale, ont-elles évolué ?

L'immunologie a évolué en trois phases. La première, des années 1950 aux années 1990, fut celle des connaissances de base, au cours de laquelle la communauté scientifique et médicale a découvert le fonctionnement du système immunitaire. Nous savions déjà ce qu'étaient les anticorps et la façon dont ils sont produits, mais nous avons beaucoup appris, notamment ce qu'est la régulation immunitaire. Ce fut une grande époque durant laquelle il y eut de nombreuses contributions originales, majoritairement fondamentales.

Après cette période faste pour les immunologistes, des années 1980 à 2010, il y eut un certain ralentissement. Les découvertes étaient alors moins spectaculaires, les plus importantes ayant déjà été effectuées.

Mais à partir des années 2010, l'immunologie est revenue au premier plan grâce en particulier à la biotechnologie, par l'inter-

64. « Pour une nouvelle politique de la recherche ! », rapport de l'Académie des sciences, 25 mars 2022, sur academie-sciences.fr.

médiaire des anticorps monoclonaux[65], de l'immunothérapie des cancers et, plus récemment, des vaccins contre la Covid-19 et ses dérivés. L'intérêt est reparti de plus belle et l'immunologie connaît aujourd'hui une phase exceptionnelle liée aux biotechnologies.

De mon point de vue d'immunologiste, la biotechnologie médicale est composée de deux parties. D'un côté ce que l'on pourrait appeler les « produits chimiques », et de l'autre, les technologies cellulaires. La biotechnologie chimique, ce sont les anticorps monoclonaux et les cytokines[66], deux formidables avancées qui sont d'actualité en médecine. Et depuis une dizaine d'années, on voit l'essor de la thérapie cellulaire, dans les greffes de moelle osseuse ou de thymus, dans les déficits immunitaires en général, thérapie qui était une discipline jusque-là limitée à un petit nombre de malades. On observe maintenant l'éclosion de nouvelles thérapies biotechnologiques cellulaires, dont les fers de lance sont les CAR-T cells[67], développées par de plus en plus de start-up et qui ont donné de bons résultats dans certaines maladies hématologiques. Des recherches sont d'ailleurs en cours pour tester ces cellules dans l'élimination des tumeurs solides. Elles sont un espoir aujourd'hui contre les cancers avec le développement d'autres anticorps monoclonaux.

Deux anticorps sont déjà largement utilisés en immunothérapie : les anticorps anti-CDA et les anticorps anti-CTLA-4, qui lèvent l'inhibition des réponses antitumorales provoquées par les Treg, une population de cellules immunitaires régulatrices. L'arsenal biothérapeutique compte également les anticorps ciblant l'immunité non spécifique, notamment les cellules dites « Natural Killer » (NK). En cela, les biotechnologies apportent des outils thérapeutiques que la synthèse chimique ne pouvait pas nous fournir.

65. Anticorps qui visent une cible particulière.

66. Signaux cellulaires.

67. Voir la définition de la note 63, page 183.

À quoi attribuez-vous l'essor des biotechnologies dans votre discipline?

L'immunologie a cette particularité – elle n'est évidemment pas la seule à posséder cette caractéristique – de permettre un passage très rapide des résultats de la recherche fondamentale aux applications. La « translation », comme l'on dit en mauvais français, est particulièrement rapide en immunologie par rapport à d'autres disciplines. Les médicaments agissent soit parce que ce sont des produits qui interfèrent avec le métabolisme, soit parce que ce sont des produits qui se fixent à des récepteurs. L'immunologie donne accès à un autre type de reconnaissance spécifique que rien n'égale. Les anticorps reconnaissent des structures essentielles à la biologie et aux pathologies qu'ils sont seuls à pouvoir reconnaître.

Les hormones aussi ont une spécificité considérable avec les récepteurs qui leur correspondent. Elles ont elles aussi un succès remarquable, à l'image des corticoïdes, et ont représenté une époque essentielle du développement pharmaceutique. Elles étaient alors synthétisées par voie chimique. Aujourd'hui s'ouvrent de nouvelles perspectives avec les anticorps et des cellules T (lymphocytes T). On commence même à regarder du côté de l'immunité non spécifique et à produire des cellules qui interviennent indépendamment de la reconnaissance des antigènes et qui jouent un rôle très important dans le traitement des cancers, mais aussi des maladies virales.

Dans les années 1990, cette rapidité du transfert de la recherche fondamentale à la recherche appliquée était déjà une réalité, elle l'est d'autant plus aujourd'hui avec l'irruption des anticorps monoclonaux, dont le principe de la production fut découvert en 1975 et dont les premiers essais cliniques débutèrent en 1980. Leurs découvreurs furent d'ailleurs récompensés par le prix Nobel de physiologie ou médecine en 1984. La rapidité du passage du laboratoire à la clinique fut exceptionnelle !

L'histoire des anticorps monoclonaux, en cela, est remarquable. Elle a concerné un nombre considérable de laboratoires publics et pharmaceutiques, avec d'énormes difficultés, mais aussi de fabuleux succès.

Le grand succès, c'est évidemment l'immunothérapie des cancers. Il ne faut pas oublier que la mortalité pour les cas de mélanomes métastatiques était pratiquement de 100 % jusque dans les années 2000. Depuis l'arrivée des anticorps monoclonaux, on guérit au moins la moitié des malades. Le terme de guérison étant, bien entendu, à prendre avec précaution, on n'est jamais sûr que le cancer ne récidive pas, mais c'est un progrès considérable qui s'étend désormais à d'autres cancers, notamment aux cancers du poumon, très fréquents et qui étaient jusque-là d'une extrême gravité. Le pronostic du cancer primitif du poumon était très pessimiste jusqu'à il y a environ dix ans, mais il s'est considérablement amélioré grâce à des produits chimiques fixant les gènes mutés par ce cancer, et surtout grâce à l'immunothérapie basée sur les anticorps monoclonaux.

Le traitement du diabète de type 1 – dit « insulinodépendant » – est un autre domaine de recherche thérapeutique utilisant les anticorps monoclonaux qui s'est déroulée sur trente ans et a abouti à la fin de l'année 2022 à l'autorisation de mise sur le marché d'un anticorps anti-CD3. Ce dernier interfère avec la fonction de reconnaissance des cellules T, prévenant ainsi la réaction auto-immune à l'origine du diabète. Au début des années 1990, avec l'immunologiste Lucienne Chatenoud[68], nous avons utilisé un modèle d'étude très prisé de diabète insulinodépendant, la souris NOD (*Non-Obese Diabetic*), qui développe un diabète spontané d'origine auto-immune. Nous avons montré que l'injection d'un anticorps monoclonal dirigé contre la molécule CD3 entraîne une rémission de la maladie qui s'est avérée définitive[69]. Les sou-

68. Professeur d'immunologie à l'université Paris-Cité et directrice du laboratoire d'immunologie de l'hôpital Necker-Enfants malades.

69. « CD3 antibody-induced dominant self-tolerance in overtly diabetic NOD mice », *Journal of Immunology*, 1997.

ris NOD mouraient de mort naturelle. Nous avions guéri le diabète… du moins chez ces souris ! Par la suite, nous avons poursuivi nos études pour comprendre les mécanismes en jeu, puis, assez naturellement, nous nous sommes intéressés à l'homme dans la seconde moitié des années 2000.

Mais nous n'avons pas pu réaliser les essais cliniques de phase 2 en France en raison de la frilosité des autorités administratives. Nous les avons donc réalisés avec un anticorps monoclonal britannique, en Belgique et en Allemagne. Et les résultats furent, là encore, tout à fait remarquables ! Parallèlement, des chercheurs américains reprirent notre stratégie pour réaliser un essai du même genre que le nôtre et arriver à des résultats similaires[70]. À partir de là, ce fut l'enlisement, pour plusieurs raisons.

En 1981, deux chercheurs de l'université Columbia à New York, Gideon Godlstein et Patrick Kung, produisirent toute une série d'anticorps monoclonaux dirigés contre les lymphocytes T humains que l'on appelait les OKT (*Ortho-Kung T cell*) et découvrirent, par la même occasion, les principales molécules de différenciation des lymphocytes T. Ils disposaient ainsi d'une palette d'anticorps absolument fabuleuse et choisirent OKT3, l'anticorps anti-CD3, qui fut par la suite utilisé en transplantation rénale pendant plus de quinze ans et dont Gideon Goldstein nous offrit la priorité d'utilisation en Europe. Avec le néphrologue de l'Hôpital Necker, le professeur Henri Kreis, nous avons donc réalisé un premier essai clinique dans le service des transplantations rénales de l'Hôpital Necker, pour tester l'efficacité d'OKT3 à empêcher les rejets de greffes de rein. Ce fut un des tout premiers essais cliniques de ce genre dans le monde[71]. En 1997 cependant, Ortho

70. « Use of Orthoclone monoclonal antibodies in the study of selected dermatologic conditions », *International Journal of Immunopharmacology*, 1981.

71. Prophylactic use of OKT3 monoclonal antibody in cadaver kidney recipients utilization of OKT3 as the sole immunosuppressive agent, *Transplantation*, n° 41, vol. 6, juin 1986.

Products, la filiale du groupe pharmaceutique américain Johnson et Johnson qui commercialisait l'anticorps, décida d'arrêter la production d'anticorps monoclonaux et les programmes de recherche correspondants. Les conséquences en furent graves. Pendant dix ans, plus aucun anticorps ne fut produit puisque l'entreprise Ortho Products en détenait les brevets et le savoir-faire. Et aucune autre entreprise ne se lança dans la production.

Heureusement, quelques années plus tard, deux autres grands laboratoires pharmaceutiques, les groupes suisses Novartis et Roche, mirent sur le marché un anticorps monoclonal ciblant une cytokine[72], l'interleukine 2, un anticorps monoclonal qui n'avait rien de révolutionnaire, mais qui se révéla fort utile pour redonner confiance en la production biotechnologique d'anticorps monoclonaux et relancer le secteur thérapeutique industriel.

Les projets redémarrèrent et on vit apparaître d'autres anticorps monoclonaux. Tout cela se termina en véritable feu d'artifice avec l'émergence d'anticorps utilisés dans l'immunothérapie des cancers. Ces anticorps sont dirigés contre ce que l'on appelle les « *checkpoints* », des molécules de régulation du système immunitaire. Notre organisme est naturellement capable de générer une petite réponse immunitaire contre les tumeurs, mais celle-ci est insuffisante pour les rejeter parce qu'elle est bloquée par des mécanismes de suppression. Les anticorps monoclonaux utilisés en immunothérapie des cancers bloquent ces mécanismes. La réponse immunitaire devient alors efficace et élimine les tumeurs.

Lucienne Chatenoud et moi-même travaillions alors sur l'anticorps monoclonal anti-CD3. Après la phase 2 des tests cliniques, deux start-up biotechs américaines, TolerX et MacroGenics, ont commencé à développer le traitement, en collaboration avec deux grandes firmes pharmaceutiques, GSK et Eli Lilly. Cependant, deux énormes erreurs furent commises.

72. Messager intercellulaire.

La première fut que TolerX, pour que le produit entraîne moins d'effets secondaires, diminua la dose que nous avions prescrite en phase 2 d'un facteur 16. Cela ne fonctionna évidemment pas, il fallait délivrer suffisamment d'anticorps.

La seconde fut un mauvais choix des critères d'efficacité, ce que l'on appelle le « n-point », par MacroGenics. Cela nous fit perdre encore cinq à dix ans ! En reprenant les données de plusieurs centaines de malades, la start-up avait bien constaté l'efficacité de la phase 2, mais celle-ci n'était pas acceptable pour les autorités réglementaires. Suite à ce constat, une phase 3 fut relancée.

Ultérieurement, une autre entreprise américaine, Provention Bio, a utilisé notre anticorps monoclonal pour la prévention du diabète chez des enfants à risque. Les résultats furent publiés en 2019[73]. L'effet fut tellement net que la Food & Drug Administration (FDA[74]) valida, en 2022, l'autorisation de mise sur le marché de l'anticorps, demandant qu'il n'y ait plus d'autres essais thérapeutiques. En effet, réaliser de nouveaux essais contre un placebo, alors que le produit donnait de très bons résultats, allait à l'encontre des principes éthiques. Nous attendons maintenant les résultats d'une dernière étude de phase 3 menée par Provention Bio pour obtenir l'autorisation de mise sur le marché du traitement de la maladie déclarée. Cela est très important pour les malades et pour nous, scientifiques, car lorsque nous aurons ces résultats, s'ils sont positifs, le produit sera déjà sur le marché pour la prévention du diabète de type 1 et deviendra un traitement majeur de cette maladie chronique, la plus fréquente de l'enfant. Et comme il ne s'agit pas d'un traitement spécifique, il pourrait être utilisé pour traiter toute une série de maladies rele-

73. « An Anti-CD3 Antibody, Teplizumab, in Relatives at Risk for Type 1 Diabetes », *New England Journal of Medicine*, 2019.

74. Équivalent de l'Agence nationale de sécurité du médicament et des produits de santé en France, ou de l'European Medicines Agency pour l'Union européenne.

vant du même type de mécanisme pathologique telles que le psoriasis, la maladie de Crohn, la sclérose en plaques, la myasthénie ou les uvéites.

L'anticorps a été accepté pour la prévention du diabète de type 1, mais il nous faut attendre la validation de son utilisation pour le traitement de la maladie déclarée. La publication sur la prévention date d'il y a deux ans, l'autorisation de la FDA d'il y a un an (nous étions alors en 2022). Notre premier article sur l'utilisation thérapeutique de cet anticorps date de 1994[75] ! Cela donne à réfléchir, c'est très long ! Le temps de développement de l'immunothérapie pour les cancers a été beaucoup plus court parce qu'il y avait une attente donc une pression beaucoup plus forte que pour le diabète. Ce fut une véritable explosion, très rapide. Ce ne sera pas forcément le cas pour d'autres biotechnologies.

**En parlant de rapidité, on a vu récemment celle des laboratoires à s'emparer de la problématique d'un vaccin contre la Covid-19. Y avait-il déjà des travaux en immunologie contre les vaccins grippaux suite aux épidémies de grippes aviaires qui ont parsemé ce début de siècle ?**

Pas vraiment. Les travaux n'étaient pas du tout au même niveau de développement que nous avons atteint aujourd'hui. J'espère que cette aventure exceptionnelle n'est que le début d'une nouvelle ère de la biotechnologie. Cela montre qu'en cas d'urgence, il est possible d'accélérer à la fois la recherche, le développement et la technologie. D'un point de vue médical, les vaccins à ARN contre la Covid-19 ont été un franc succès. Les développer aussi rapidement allait au-delà de toute espérance. C'est la preuve que lorsqu'il y a un besoin, on peut aller très vite. Les esprits chagrins diront que nous n'avons pas encore le recul nécessaire pour analyser ce succès, mais globalement, il n'y a eu aucun problème.

---

75. « Les anticorps monoclonaux. Utilisations diagnostiques et thérapeutiques, perspectives d'avenir », *Revue française de Transfusion et d'Hémobiologie*, 1994.

À partir de mars 2021, il y eut plusieurs milliers de malades, mais de moins en moins de cas graves. Pour ma part, j'ai un jugement extrêmement positif sur le traitement de cette pandémie en France. En tant qu'être humain et médecin, j'espère que, dans l'avenir, les nouveaux traitements biotechnologiques seront développés et acceptés aussi rapidement que les vaccins anti-Covid-19.

**Au vu des infrastructures nécessaires pour la conduire, la médecine basée sur l'immunothérapie est-elle destinée à intégrer la pharmaceutique classique ?**

Il y a là un sérieux problème que je tiens à soulever. Les anticorps monoclonaux sont vendus à un prix excessif. Leur coût de production est certes plus élevé qu'un produit chimique de synthèse, mais il n'est pas si important. Le prix du traitement d'un mélanome par des anticorps en immunothérapie, qui s'élève à plusieurs centaines de milliers d'euros par malade, n'est pas justifié. Bien sûr, tout laboratoire pharmaceutique qui fait une découverte s'attend à un retour sur investissement pour pouvoir amortir le coût de recherche des produits qui n'aboutissent pas sur le marché. Il doit satisfaire ses actionnaires, cela se comprend. Mais quand cela perdure pendant plusieurs années, il n'est pas satisfaisant de voir des produits vendus aussi chers uniquement parce que ce sont des produits biotechnologiques.

Il faudrait que l'on trouve, que l'on incite, pour ne pas dire que l'on impose, un équilibre pour que ces anticorps monoclonaux soient vendus à un prix raisonnable. Cela est plus facile pour les produits chimiques comme les anticorps monoclonaux et les cytokines parce que les progrès technologiques en ont simplifié la production, on pourrait donc en réduire drastiquement les prix. Cela est moins vrai pour les techniques cellulaires. Les CAR-T Cells par exemple sont extrêmement coûteuses à produire, il sera plus difficile d'en réduire le coût. Ce ne sont pas de simples molécules dans un tube.

Le coût d'application des biotechnologies en médecine est un problème réel contre lequel il faut tout faire pour qu'il ne représente pas un frein au développement de ces techniques. Est-il socialement acceptable de laisser vendre des anticorps à des prix démesurés alors que nous savons que leur production coûte relativement peu cher ? Est-il éthiquement acceptable que les patients, les États et les organismes de protection sociale payent excessivement cher des produits dont l'investissement et la production, aujourd'hui largement amortis, ne justifient pas de tels prix ? Le coût d'application est un véritable frein au développement de la biotechnologie médicale. C'est avant tout un problème politique qui mérite une véritable prise de conscience.

Il y a eu ce genre de prise de conscience par exemple pour le Sida, dans les pays africains les plus touchés. Les entreprises pharmaceutiques ont alors fait le geste de vendre leurs médicaments à prix coûtant. Cela allait dans le bon sens. Je ne suis pas contre tout profit ou tout bénéfice. Il est important que les entreprises pharmaceutiques soient bien portantes financièrement, car nous avons besoin d'elles pour le développement de produits biotechnologiques. Un laboratoire universitaire seul n'est pas capable de développer un médicament. Nous aurions été bien incapables de développer nous-mêmes notre anticorps anti-CD3, il fallait le relais d'une entreprise pharmaceutique. Il faudra, un jour, trouver un juste équilibre.

L'immunothérapie arrivera-t-elle un jour au domicile du patient, en limitant le recours à l'hospitalisation ?

Pour l'instant non et ce n'est pas le problème principal. Les immunothérapies demandent une surveillance médicale étroite parce qu'il y a des effets secondaires. Elles seront menées en lien direct avec des spécialistes dans les hôpitaux. Le fait que les malades puissent être traités à domicile ou non n'est pas l'urgence, et ce ne sera sans doute pas le cas avant longtemps. Ce sont des situations tellement complexes qu'elles ne sont pas gérables par les médecins généralistes. En revanche, l'utilisation de l'immunothérapie au sein des hôpitaux français s'est démocratisée. Mais cela reste hospitalier et doit le rester encore longtemps, voire toujours.

Ce sera une médecine « à la carte », dans le sens de médecine personnalisée. J'étais réticente au départ à reconnaître les atouts de ce concept, désormais je suis convaincue. En effet, pour chaque cancer ou groupe de cancers, chaque malade verra sa tumeur, ses gènes et leurs mutations analysés. « À la carte », parce qu'il y aura des produits chimiques particuliers et une palette d'anticorps monoclonaux beaucoup plus étendue dans laquelle on pourra choisir les anticorps les plus efficaces. Ce qui permettra d'élargir la stratégie qui, aujourd'hui, ne fonctionne pas dans tous les cancers. Les cancers du côlon, par exemple, sont très fréquents, mais peu sensibles à l'immunothérapie. Mais il n'y a aucune raison que cela ne fonctionne pas.

Le concept de médecine personnalisée, après avoir été un peu délaissée, revient dans l'actualité grâce à de nombreuses avancées. Avant on disait « le cancer du poumon »., mais il y a en réalité de nombreux cancers du poumon différents. La médecine personnalisée n'est pas l'analyse du cancer d'un individu, elle permet de différencier les sous-groupes de cancers dont sont atteints les malades. La première étape sera donc d'inscrire les patients dans une sous-catégorie de cancer qui peut être soumis à un traitement.

**Les traitements à base d'anticorps monoclonaux se heurtent-ils à des problèmes éthiques, comme la plupart des biothérapies ?**

L'avant-dernier gouvernement du quinquennat de François Hollande avait demandé au médecin biologiste Pierre Corvol de rédiger un rapport[76] sur cette question qui trouvera une heureuse

76. « Bilan et propositions de mise en œuvre de la charte nationale d'intégrité scientifique », rapport remis à Thierry Mandon, secrétaire d'État chargé de l'Enseignement supérieur et de la Recherche, mercredi 29 juin 2016.

issue. Ce dernier a en effet abouti à la création de l'Office français de l'intégrité scientifique (Ofis) qui se trouve désormais sous l'égide de l'Agence d'évaluation de la recherche. Toute la communauté scientifique et médicale doit, plus que jamais, être attentive à bien respecter les règles d'éthique, tout en sachant prendre ses responsabilités lorsqu'il s'agit de traiter des cas graves sans solution thérapeutique. Je m'y suis moi-même intéressé par deux biais.

D'une part, j'ai été chargé de présider un groupe d'experts pour analyser une suspicion de méconduite scientifique d'une chercheuse du CEA. J'ai donc réuni un groupe avec lequel nous avons produit un rapport[77].

D'autre part, j'ai présidé le comité « Science éthique et société » de l'Académie des sciences avec lequel nous avons eu plusieurs séances de discussion sur ces problèmes d'intégrité. Il est vrai qu'il faut être extrêmement vigilant parce qu'il y a des méconduites qui relèvent en grande partie, mais pas seulement, de la pression exercée sur les chercheurs pour qu'ils publient régulièrement afin de faire avancer leur carrière et obtenir des financements[78]. Ces pratiques peuvent donner lieu à trois scénarios possibles : les chercheurs qui perdent la raison et inventent des résultats (cela reste heureusement relativement rare) ; ceux qui améliorent leurs résultats pour être publiés dans les revues renommées ; enfin, ceux qui modifient leurs résultats dans le cadre du développement d'un produit pharmaceutique afin de le faire accepter plus vite.

Ces problèmes d'éthique et de déontologie sont abordés au Conseil consultatif national d'éthique par le biais d'une réunion

77. Le CEA a ainsi constitué un comité d'audition chargé de donner la possibilité aux auteurs des articles incriminés de fournir toutes les explications et réponses nécessaires : voir « Rapport final sur cinq articles publiés par Mme Anne Peyroche », 22 janvier 2020, sur cea.fr.

78. L'expression « publier ou périr » (« *publish or perish* » en anglais), utilisée dans les milieux académiques, vise à dénoncer cette pression.

annuelle des comités d'éthique institutionnels. Le sujet de l'intégrité scientifique sera toujours présent, car il s'agit d'un problème constant.

Pour le grand public, cela pose en premier la question de l'insuffisance de la culture scientifique. C'est le rôle des scientifiques et des journalistes d'éduquer la population sur ces questions. Les hommes et femmes politiques sont eux-mêmes très peu formés à la compréhension de la recherche. Dans la majorité des cas, ils s'appuient sur l'opinion publique.

Il y a aussi, bien sûr, des problèmes d'idéologie. En particulier sur les OGM (organismes génétiquement modifiés). De nombreux pays les utilisent largement et ne s'en portent pas plus mal, mais en France, c'est une sorte de tabou idéologique, en partie irrationnel, propre à certains pays. Lorsque l'on sélectionne génétiquement des graines, ce n'est pas totalement différent de certaines méthodes de génie génétique médical. Les gens sont plus prompts à accepter un saut dans l'inconnu pour ce qui concerne le domaine médical, mais moins prompts à le faire pour ce qui a trait à la consommation alimentaire. Je fais partie de ceux qui ont baissé les bras par rapport aux désaccords sur les OGM. Mais il y a quand même eu des erreurs scientifiques graves, par exemple celle de Gilles-Éric Séralini, quand il a publié ses résultats concernant des tumeurs chez les rats, induites par l'herbicide Roundup de Monsanto. C'était scientifiquement inacceptable et ce fut reconnu comme tel.

Cela va au-delà de la mise en doute par méconnaissance de la science. Les idéologues anti-OGM, ne sachant pas vraiment comment cela fonctionne, distillent des idées qui font peur aux gens. Le vaccin anti-Covid-19 a été un succès, mais il y avait un tout petit risque qu'il y ait des effets secondaires. On ne pouvait pas le nier. Pourtant il y a encore des antivax avec lesquels il est impossible de discuter. C'est une croyance. Et c'est curieux parce que cela vaut particulièrement pour tout ce qui touche à la santé.

La richesse du CCNE, c'est qu'il associe des médecins et des non médecins. Les questions doivent être présentées par des médecins qui connaissent le sujet, puis analysées par des personnalités ayant leur propre vision culturelle, notamment des sociologues, des philosophes, des juristes et éventuellement des représentants des cultes. Il est sain que la société puisse regarder ces problèmes en liaison avec les médecins et les chercheurs.

# 3.4

# Imagine, l'institut biomédical des possibles

Entretien avec

Stanislas Lyonnet

Stanislas Lyonnet est généticien médical et clinicien. En 2005, il a participé au lancement de l'Agence nationale de la recherche et a fait partie de son comité d'évaluation des projets, dont il gérait le programme dédié aux maladies génétiques. Depuis 2016, il dirige Imagine, un institut hospitalo-universitaire des maladies génétiques. Cette structure moderne, financée par les Investissements d'avenir (aujourd'hui Plan santé 2030), a pour objectif thématique d'accélérer le diagnostic, la compréhension, l'accompagnement et le traitement des maladies génétiques, de l'enfant à l'adulte.

Imaginez un monde débarrassé des maladies génétiques les plus létales pour la population humaine. Un monde d'espoir pour des millions de familles, où chaque patient, chaque cas d'une maladie aurait sa thérapie individuelle. Guérir des pathologies encore incurables il y a une vingtaine d'années, c'est l'objectif des biotechnologies médicales qui n'ont eu de cesse d'innover pour réparer, ajuster, remplacer les tissus, les cellules et même les gènes défectueux afin d'en rétablir la fonction originale. C'est aussi la mission dont s'est emparé Imagine, l'institut hospitalo-universitaire pluridisciplinaire français dédié aux maladies génétiques, qui s'est installé en 2014 à Paris, dans les murs de l'Hôpital Necker–Enfants malades.

Stanislas Lyonnet, qui dirige l'institut depuis 2016, lève le voile sur le futur de la biomédecine.

**Après un règne sans partage ou presque de la chimie, on observe un retour de la biologie au tout premier plan dans le traitement de nombreuses pathologies. Comment les biotechnologies se positionnent-elles aujourd'hui dans celui des maladies génétiques ?**

Il n'y a pas de règles, et c'est très important qu'il n'y en ait pas. Il faut éviter les dogmes. La posture d'Imagine est de fonder la réactivité thérapeutique sur la connaissance et le lien intime avec les patients. Ils sont trente-deux mille à venir chaque année en consultation à Imagine. Ils y ont leurs habitudes et y trouvent non seulement leur médecin, mais aussi leur chercheur – quand ce n'est pas une seule et même personne –, chacun entretenant un lien consubstantiel avec eux. Je suis moi-même clinicien et chercheur. Ces personnels sont intimement liés aux familles et aux enfants, dont ils connaissent les noms. Cela constitue un premier élément d'adhésion de principe à un projet de recherche.

Lorsque des patients viennent à l'institut avec une maladie génétique souvent rare, complexe, douloureuse, le plus souvent sans traitement et parfois même sans diagnostic, on ne peut pas se contenter de les classer. Le premier contrat que nous passons avec un patient, c'est le contrat de la recherche, laquelle est, pour nous, indissociable du soin. Mais cela ne suffit pas.

Il faut un véritable engagement vis-à-vis d'eux. Le deuxième contrat est donc celui de la vérité, du réalisme, de la sincérité, de la loyauté envers le patient. On lui explique très exactement ce que nous pouvons et ce que nous allons faire pour lui – le diagnostic, les analyses physiopathologiques et la recherche thérapeutique – et si nous n'avons pas le savoir-faire nécessaire, nous les orienterons vers d'autres établissements en France et parfois à l'étranger. Heureusement, la France est très bien équipée grâce aux plans nationaux successifs contre les maladies rares, à son tissu médical et scientifique de très haute qualité et à ses nombreux instituts, de même envergure qu'Imagine, mais portant sur des thématiques différentes.

Ce deuxième contrat est une contre-idéologie, celle de dire qu'il n'y a pas que les thérapies géniques – qui utilisent historiquement des vecteurs viraux – pour soigner les pathologies génétiques. Tout est envisageable. À l'institut, on voit tous les jours des cliniciens utiliser une molécule déjà connue pour d'autres indications, un médicament délaissé, des biothérapies par les CAR-T Cells ou les anticorps, des thérapies dérivées de la génétique par les systèmes de bistouri moléculaire (CRISPR, *prime editing*[79] et *base editing*[80]), des traitements vitaminiques ou encore diététiques. Il n'y a pas qu'un seul scénario, mais une multitude d'options possibles. Il faut être extrêmement humble par rapport à cela. La lumière peut venir à n'importe quel moment, de n'importe quelle maladie. L'identification du gène, du mécanisme et de la mutation permet de déclencher un retentissement thérapeutique souvent imprévisible. C'est pour cela qu'il faut être prêt à tout. L'institut Imagine n'est pas qu'un institut de la thérapie génique, même s'il compte dans ses rangs Marina Cavazzana, Alain Fischer, qui en a été le premier directeur, et d'autres pionniers de cette thérapie, mais cela ne veut pas dire que c'est le seul terrain qu'il faille viser.

Enfin, le troisième contrat c'est l'idée que nous n'allons pas laisser les patients de côté. Il existe à Imagine un système intelligent de repérage que l'on appelle un « entrepôt de données » de soin et de recherche interconnectées par intelligence artificielle, qui va permettre à des dossiers égarés d'être repérés. Nous avons appelé cet entrepôt « Dr Warehouse », un jeu de mots combinant le célèbre Dr House de la série télévisée et le terme anglais *warehouse* qui signifie entrepôt. C'est un lieu de stockage de données sur les pathologies rares dans lequel sont référencés plus de neuf cent mille dossiers d'enfants et d'adultes atteints de maladies génétiques, confiés par l'hôpital Necker-Enfants malades et l'Assistance

79. Insertion d'une courte séquence d'ADN.

80. Insertion ou remplacement d'une seule base dans une séquence d'ADN.

publique – Hôpitaux de Paris. Un grand nombre sont ce que l'on appelle en criminologie des « cold cases », des dossiers oubliés, et la mission de l'entrepôt est de les réactiver. Nous faisons face régulièrement à des situations dans lesquelles le diagnostic chez un enfant permet de rouvrir des dossiers prétendument clos.

Peut-on assimiler le travail des personnels de l'institut Imagine à de la médecine personnalisée ?

Pour moi, ce terme est un pléonasme, la médecine doit être personnalisée. Le premier prérequis de la mission d'Imagine est précisément le lien entre les médecins, les chercheurs et les patients. Donc la réponse est oui. Disposer d'un entrepôt de données intelligent qui collectionne les données de près d'un million d'enfants atteints de maladies génétiques n'est pas incompatible avec ce type de médecine, qui est la médecine de toujours, celle qui s'adresse aux patients. Un tel entrepôt qui n'aurait pas le prérequis de la médecine personnalisée, de l'extrême qualité des données qu'il agrège, serait au contraire dangereux. Il existe un syndrome en médecine qui décrit cela : le syndrome GIGO (*garbage in, garbage out*). Si vous mettez n'importe quoi dans un entrepôt de données, il en sortira n'importe quoi !

Celui d'Imagine est un exemple d'une médecine collective, fondée sur des cohortes de patients monumentales. On parle là de neuf cent mille dossiers, parfois sur vingt ans d'exercice. Nous avons donc presque atteint une génération. La validité de cet entrepôt tient au fait que les données de départ sont des données de qualité individuelle. Chacun de ces patients a rencontré un interne, un chef de clinique, un professeur, un scientifique qui ont recueilli ses données cliniques, biologiques, d'imagerie ou encore de recherche avec une exigence, une définition et une description des termes d'une performance inouïe.

Une médecine fondée sur les données statistiques de la Caisse nationale d'assurance maladie (CNAM), par ailleurs tout à fait nécessaires, n'est pas celle dont nous avons besoin pour faire cette médecine de précision, avec des objectifs personnalisés. Bien sûr, entre les deux, tous les systèmes de génomique à haut débit, d'intelligence artificielle et de jumeaux numériques, dans lesquels nous sommes très engagés, sont envisageables dès lors que le prérequis de la qualité des données est là.

Quel est le rôle de l'Institut Imagine dans les nouvelles technologies médicales pour la détection, la prévention et le traitement des maladies génétiques avec l'aide des biotechnologies ?

Il y a à Imagine une école pionnière de niveau mondial en matière de thérapie génique et dérivée de la génétique. Les chercheurs que j'ai cités ont été les premiers à utiliser un segment d'ADN défini comme un gène pour remplacer un gène défectueux dans les déficits immunitaires, puis dans les maladies de l'hémoglobine. Les premiers sont des maladies collectivement fréquentes, mais individuellement plutôt rares, alors que les secondes sont les maladies génétiques les plus fréquentes au monde, à savoir la drépanocytose et les thalassémies[81]. Ce sont deux champs dans lesquels Imagine se positionne comme le leader international des thérapies génétiques.

Le sujet des thérapies géniques et dérivées de la génétique reste difficile à appréhender parce qu'il évolue de différentes manières. Et d'abord vers la correction génétique plutôt que vers le remplacement génique. Au lieu d'apporter le gène fonctionnel en l'insérant dans le génome de cellules souches via un vecteur viral pour qu'il aille restaurer une fonction, on corrigerait la mutation précise du gène pour lui redonner sa fonction première. C'est ce que promet la technologie des bistouris moléculaires : prélever des cellules souches de la moelle osseuse chez des patients atteints de déficits immunitaires ou de maladies de la globine pour corri-

81. Maladies de la beta et de l'alpha globine, deux protéines de l'hémoglobine.

ger le gène endogène, plutôt que d'insérer un gène réparateur. À l'institut Imagine, le laboratoire « Chromatine et régulation épigénétique », dirigé par la chercheuse de l'Inserm Annarita Miccio, travaille sur ce projet.

Une deuxième piste est la thérapie cellulaire. Le but est d'arriver à modifier le destin d'une cellule souche en la reprogrammant pour lui réattribuer une fonction (musculaire, hépatique, métabolique, neurologique, etc.) par le biais de l'utilisation de cellules souches induites (iPS[82]) ou d'organoïdes[83]. C'est l'idée que l'on ne peut pas avoir accès aux cellules souches aussi facilement qu'à celles du sang et qu'il est nécessaire de passer par une étape de reconfiguration du destin initial de la cellule pour pouvoir la dériver vers le destin que l'on souhaite lui attribuer.

Le troisième grand champ de thérapie relève de l'absence d'idéologie préconçue. J'ai cité les travaux de Marina Cavazzana sur la drépanocytose, qui est la maladie autosomique[84] récessive[85] la plus fréquente au monde, avec près de quarante millions de malades et environ trois cent mille naissances par an dans le monde, véritable problème de santé publique internationale pour l'Organisation mondiale de la santé. Une deuxième maladie emblématique, modèle cette fois-ci des maladies autosomiques dominantes[86], est l'achondroplasie, une maladie du tissu squelettique et de la croissance qui aboutit à un nanisme. Ce cas de figure est intéressant parce qu'autant pour les maladies de la globine et les déficits immunitaires, les mutations génétiques entraînent la perte de fonction d'un gène, autant, ici, c'est l'inverse. La suractivation illégitime d'un gène va enclencher un signal apoptotique

82. Pour induced Pluripotent Stem cells.

83. Culture in vitro d'organes.

84. Qui implique une ou des mutations sur une des 22 paires de chromosomes non sexuels.

85. Qui se déclare si deux copies lésées du gène sont exprimées.

86. Qui s'exprime en présence d'une seule copie mutée du gène.

dans le cartilage de croissance. Le champ des thérapies dans ce domaine est tout à fait opposé, car apporter le gène correctif ne ferait absolument rien. Il suffit qu'une copie, sur les deux présentes dans le génome, soit hyperactive, pour que la maladie se déclare. On peut donc apporter autant de copies du gène réparateur que cela ne changerait rien. La question est de contrôler négativement le gène hyperactif. Et voilà que s'offre à nous un tout autre paysage de développement biotechnologique moderne. On va essayer de contrôler une protéine hyperactive par le biais de l'immunité grâce aux anticorps monoclonaux, par celui de petites protéines pharmacologiques ou encore d'ARN antisens qui vont contrer l'ARN messager hyperactif parce que leurs séquences génétiques sont complémentaires. C'est grâce à ces approches qu'après avoir identifié le gène de l'achondroplasie, Laurence Legeai-Mallet, autre directrice de laboratoire à Imagine, a développé les modèles précliniques ouvrant la voie à six approches thérapeutiques au moins, dont certaines sont déjà en essais cliniques, voire ont été mises sur le marché récemment.

Peut-on voir dans cette dernière solution de contrôle une approche thérapeutique possible contre le cancer?

Dans le domaine qui nous occupe, c'est-à-dire l'enfance, les cancers sont toujours des maladies génétiques de la cellule, parfois impliquant l'hérédité. Certains raisonnements peuvent donc être appliqués à ces pathologies[87]. Nous avons montré que de nombreuses malformations congénitales sont liées à des dysfonctions de gènes connus par ailleurs pour être des oncogènes[88]. Autrement dit, nous avions affaire à des gènes qui ont deux visages, suivant

87. C'est quelque chose que nous connaissons bien, puisque le Laboratoire d'embryologie et génétique des malformations humaines (qui est l'un des laboratoires fondateurs d'Imagine, aujourd'hui dirigé par Jeanne Amiel) a travaillé sur le sujet.

88. Qui favorisent la formation de tumeurs.

le type de mutation. Et j'en reviens à la thématique de l'inactivation-hyperactivation : inactivation dans des anomalies du développement, hyperactivation dans les cancers. Nous avons désormais plusieurs exemples de ce type de gènes, un peu «Janus[89]» : des oncogènes que l'on peut activer par une mutation, ouvrant une route menant vers la tumeur ou, à l'inverse, une route d'inactivation menant à des malformations congénitales de différents types. Les routes du développement et de l'oncogenèse se croisent donc de manière assez intime.

**Une des craintes concernant les biothérapies est celle de leurs effets secondaires, qui ont souvent été pointés du doigt après des essais thérapeutiques. Entraînent-elles systématiquement des effets de ce genre ?**

C'est une question importante. Je ne suis pas sûr de trouver un seul exemple dans le domaine des biothérapies dans lequel il n'y a pas une contrepartie, un prix à payer, ne serait-ce que par l'attention, la surveillance, la prudence, sans même parler du principe de *primum non nocere*[90] et des complications d'un traitement.

Les traitements par immunothérapie sont en train de révolutionner la prise en charge de certaines pathologies cancéreuses, avec leur risque de complication et d'effets secondaires indésirables. L'histoire des thérapies géniques à Imagine en a été marquée. Ainsi, en 2000, les premiers traitements par thérapie génique des déficits immunitaires primitifs apparaissaient. Entre 2005 et 2007, Marina Cavazzana et Alain Fischer ont été confrontés à des effets adverses à long terme qui ont pris la forme de lymphomes liés à l'insertion inadéquate d'un gène réparateur au voisinage du promoteur d'un oncogène. Ces effets lourds et imprédictibles ont d'abord été traités, et l'immense majorité des enfants touchés sont aujourd'hui guéris. Mais c'était une complication particulièrement

89. Dieu romain du changement, aux deux visages opposés.

90. En premier ne pas nuire, principe de la médecine hippocratique.

inquiétante qui a poussé à revoir la théorie et les protocoles thérapeutiques ainsi que les indications de ces traitements. Désormais, cet écueil est contourné, mais il montre l'audace autant que le sérieux et les exigences nécessaires pour conduire ce genre de projet.

**Rentrons justement sur le terrain des sciences sociales. Ce type de recherche est confronté aux questions bioéthiques, avec un impact fort sur la société. Quelle place les sciences humaines tiennent-elles au sein d'Imagine ?**

Les humanités, comme on les appelle aujourd'hui, sont absolument fondamentales à insuffler dans notre champ disciplinaire. Je crois d'abord qu'il y a une véritable nécessité de rappeler à tout instant l'application méthodique de la démarche scientifique, dans ce domaine comme dans les autres : connaître un champ de la science, s'y poser une question, faire une hypothèse, se soumettre aux règles de l'expérimentation, réaliser une expérience, recueillir des données, obtenir des résultats, les faire juger par des pairs et, s'ils s'avèrent corrects, les publier. Livrer nos travaux à d'autres savants et avoir cette expertise fait d'Imagine un véritable projet scientifique, médical et humanitaire.

À cet égard, notre projet d'Institut hospitalo-universitaire (IHU) se scinde en domaines transversaux dans lesquels s'inscrivent des projets scientifiques et médicaux. Les thématiques soutenues par ces domaines vont de la génomique à l'enseignement, en passant par la science des données, l'accueil d'équipes internationales et la levée de fonds. Cet ensemble cohérent est important, car 90 % des patients n'ont pas de traitement et 50 % n'ont même pas de diagnostic. Ces enfants, ces familles vivent avec cet état de fait. « Vivre avec », c'est aussi faire appel aux humanités dans le domaine de l'accompagnement. Nous ne traitons pas des numéros de gènes ou de mutations, mais des enfants et leurs familles ! On ne s'improvise pas psychologue ou économiste de la santé. C'est pour cela que nous avons noué des partenariats avec des spécialistes issus de l'École normale supérieure, l'École des arts décoratifs, la chaire Hospinnomics[91] de l'École d'économie de Paris et la chaire de philosophie de l'Hôtel-Dieu. C'est pour cela que nous leur proposons d'investir le territoire d'Imagine et de nous indiquer des actions qui leur semblent utiles de conduire. Nous voulons au fond nous livrer à eux en tant qu'objet de réflexion scientifique.

**Faut-il former les futurs médecins et chercheurs à ces thématiques, et inversement former les futurs chercheurs en humanités à l'épistémologie, la science qui étudie la science, pour qu'il y ait plus d'intrication entre les deux mondes ?**

Cette alliance est très importante, mais l'idée n'est pas nouvelle. Elle doit être davantage soutenue dans le cadre des études médicales et scientifiques. Les jeunes biologistes qui passent par la faculté des sciences ou par les écoles d'ingénieurs n'ont pas de formation médicale, mais s'ils se destinent à un exercice dans le domaine biomédical, ils doivent aussi être avertis de ce qui se fait dans les sciences humaines et sociales. Les médecins, les pharmaciens ou les odontologues ne doivent pas être les seules professions concernées.

Toutefois, il y a une condition à cela : l'excellence. Et elle ne se décrète pas, elle s'évalue. La pluridisciplinarité doit se faire dans l'excellence de la qualité de chacune des disciplines qui interviennent. J'ai une grande admiration pour l'École normale supérieure – dont je n'ai pas été élève – quant à cette idée de multidisciplinarité, mais exercée dans un lieu rassemblant entre autres les meilleurs biologistes et les meilleurs philosophes. Cela se décline d'ailleurs dans le programme « Médecine-Humanités », commun aux facultés de médecine et à l'École normale supérieure.

Alors oui, les liens doivent être renforcés, ils sont même consubstantiels aux études. Lorsqu'un projet arrive à l'échelon

91. www.hospinnomics.eu.

d'une question scientifique ou médicale, cette combinaison pluridisciplinaire doit s'appuyer sur la double excellence et évidemment pas sur la double faiblesse : une pluridisciplinarité qui additionnerait les défauts serait une catastrophe, car, au-delà de l'inefficacité, elle décrédibiliserait ce type d'alliance.

**Une autre contrainte de la recherche médicale et en biologie est le financement de la recherche. Est-il suffisant dans le domaine des maladies génétiques ?**

Dans le domaine qui est celui d'Imagine, mais qu'il est possible de généraliser à bien d'autres instituts, lorsque l'on compare les budgets que nous consacrons à ce type de recherche avec les collègues des pays voisins, ces derniers ne comprennent pas comment nous arrivons à faire notre travail. Un étonnement plutôt sympathique, mâtiné d'une certaine reconnaissance, qui montre bien que nous sommes quand même bien loin de ce qu'il faudrait pour, sans parler d'équilibre, atteindre un niveau compétitif à l'échelle internationale.

Cela dit, la situation s'est beaucoup améliorée. L'Agence nationale de la recherche a, pendant une période, atteint un niveau de financement des projets de l'ordre de moins de 10 %, très en dessous de la ligne de flottaison. Nous savions qu'à ce niveau-là nous laissions 10 % à 20 % des projets de qualité sur le bord de la route. Il y a certes eu une correction très importante par la Loi pluriannuelle de programmation de la recherche. Mais cela reste un mécanisme vraiment salutaire, et sans doute encore insuffisant.

Il faut aussi que nous nous débrouillions par nous-mêmes. Et ça, une grande majorité de chercheurs l'a bien compris, qui passent beaucoup – parfois trop – de temps à chercher eux-mêmes leur financement à tous les guichets nationaux, européens et internationaux. Il faut les y aider. Les systèmes de bureau de subventions (*grant office*) ou les services de levée de fonds, les budgets étatiques, industriels ou philanthropiques, doivent être localisés à proximité des chercheurs et de leur cause, et non centralisés.

Ces exemples existent, mais ce qui est soulevé ici c'est aussi la question de la feuille de route des établissements publics à caractère scientifique et technologique (EPST) d'envergure nationale, l'Inserm ou le CNRS, pour ce qui nous concerne. Ces structures, et leurs offices de valorisation, doivent-ils nécessairement être centralisés par ces grands établissements ou plutôt, comme je le pense, localisés à proximité des chercheurs, certes sans saupoudrer les services et créer un nouveau mille-feuille administratif? Il s'agit, je pense, de déplacer cette dynamique là où la recherche et l'innovation se font, au niveau des sites des grands centres de recherche et instituts, et d'un nombre limité d'universités, les IdEx[92], là où il est le plus facile de fertiliser un excellent terreau déjà présent, notamment grâce aux EPST.

Attardons-nous quelque peu sur les levées de fonds caritatives. C'est un modèle dans lequel Imagine n'a aucune leçon à donner, vu les formidables machines de guerre que sont déjà l'Institut Curie, l'Institut Pasteur ou l'Institut du cerveau. Mais nous avons pu montrer que la levée de fonds philanthropique fonctionne, quelle qu'en soit la forme (gala, dîner de vente, vente, campagne, grands donateurs, marketing direct, fonds de dotation, etc.), grâce à trois ingrédients : la proximité, un objet scientifique et médical désirable pour les donateurs, et la loyauté et la sincérité vis-à-vis d'eux. Ces derniers ne veulent, pour rien au monde, combler le trou d'un déficit étatique quelconque, mais au contraire être embarqués à bord d'une aventure extraordinaire, d'une histoire à succès. Aujourd'hui, on ne peut pas se contenter, et ce serait une erreur philosophique, du seul financement de l'État, qui ne peut pas et ne doit pas tout combler. Une nouvelle philanthropie française, tout comme les industries pharmaceutiques, doit aussi

92. Initiatives d'excellence. Aujourd'hui inclus dans le programme France 2030, elles visent à créer des ensembles pluridisciplinaires de recherche et d'enseignement supérieur de rang mondial.

prendre des relais dans cette course de très longue haleine. Et ces partenariats industriels sont très importants, mais encore très loin du niveau qu'ils devraient atteindre en France.

**Parlons de la place de l'entreprise. Les entreprises biotechs et en particulier les start-up sont-elles indispensables au développement des produits de santé ?**

Tout à fait. Nous avons quelques médicaments qui sont sortis de l'institut tout récemment dans le traitement de l'achondroplasie, mais aussi de certains diabètes du nouveau-né, avec le professeur Michel Polak, et cela sera bientôt le cas pour des biothérapies. (Pardonnez-moi pour mon « imaginocentrisme ».) Mais, la puissance d'une industrie pharmaceutique, son développement industriel, ses critères, ses exigences et ses métiers n'ont évidemment rien à voir avec ce que nous sommes. Il ne s'agit en aucun cas de les éviter. Bien au contraire, il faut les associer à nos projets, et qu'ils nous associent aux leurs.

Il faut bien être conscient que nos routes vers les futurs traitements mènent nécessairement à l'industrie pharmaceutique. Ce serait une erreur tragique que de s'estimer autosuffisant sur cette question, parce que nous n'y arriverions pas et d'autre part, ce serait une désincarnation de notre système.

La question est d'avoir une industrie pharmaceutique réactive, ce qui pose à la France une question qui a pris de l'ampleur avec la pandémie de Covid-19. Ensuite, il faut pouvoir conserver une certaine souveraineté nationale pour protéger les découvertes et leur chemin dans un écosystème de valorisation qui les conduise le plus loin possible avant qu'elles ne soient rachetées, et qui protège aussi leurs découvreurs et notre système national de financement qui a beaucoup investi en nature dans des milliers de jeunes scientifiques, formés en France, au meilleur niveau international, et qui sont souvent attirés ailleurs dès la fin de leur formation, au moment où ils sont les plus productifs.

Le système de valorisation, quant à lui, ne peut pas être protectionniste, ce serait renoncer au monde du libre-échange. Mais il doit être prudent, attentif, dynamique et permettre d'accompagner les innovations et les preuves de concept vers de petites entreprises, qui sont la « monnaie d'échange » des grandes firmes pharmaceutiques. Si Imagine a réussi à créer neuf start-up, un mot qui nous était peu familier en 2010 dans notre campus hospitalo-universitaire, c'est grâce au programme des Investissements d'avenir[93] qui ont permis à l'institut d'entrer dans la logique d'une évaluation non plus uniquement fondée sur le nombre de publications produites par les chercheurs, mais aussi sur la valorisation de leurs découvertes, et notamment sur cet indicateur qu'est la création de sociétés dérivées (*spin-off*).

Il ne faut surtout pas séparer l'industrie pharmaceutique de la recherche et du développement, en revanche il faut que nous arrivions ensemble à accompagner les découvertes et les inventions qui en découlent pour ne pas se faire déshabiller sur le marché international.

On parle des développements biomédicaux, mais il ne faut pas oublier tout ce qui se rapporte au numérique (logiciels, jumeaux numériques, e-santé) ou encore aux dispositifs médicaux qui tiennent une place extrêmement importante et possèdent une grande agilité de création en comparaison du développement d'une molécule ou de l'utilisation de la biologie.

**Présentez-nous quelques spin-off d'Imagine.**

Parmi les start-up qu'Imagine a essaimées dans le domaine du numérique, il y a la société Codoc[94] qui installe et développe l'entrepôt de données intelligent Dr Warehouse fondé sur un système algorithmique de fouille de données dans les comptes-ren-

93. Aujourd'hui « Plan France 2030 ».

94. Voir codoc.co.

dus médicaux et de recherche. Cette start-up fondée en 2017, fruit de l'écosystème Imagine, Codoc emploie aujourd'hui vingt personnes et dégage un chiffre d'affaires annuel de quatre cent cinquante mille euros.

Du côté de la biologie, citons la société de biotechnologie Step Pharma[95], issue des recherches de Sylvain Latour et Alain Fischer, qui se positionne dans la transition entre maladies exceptionnelles de l'immunité et le sujet beaucoup plus commun de la tolérance de greffe. Elle montre que des maladies génétiques rares peuvent ouvrir une fenêtre de connaissance qui va permettre de développer de nouveaux médicaments, inattendus, en matière de tolérance de greffe, qui concerne cette fois-ci des milliers de patients par an à travers le monde !

Citons également Smart Immune[96], la start-up créée par Marina Cavazzana, Isabelle André et Karine Rossignol, qui, en partant de la connaissance d'une voie immunologique de développement et de maturation des lymphocytes T défaillante dans des déficits immunitaires de l'enfant, ont développé des approches sur l'accélération de la reconstitution immunitaire après greffe de cellules souches, ouvrant également des voies vers l'immunodéficience virale (VIH) ou certains cancers. Ou encore Medetia qui repositionne des molécules vers le traitement des insuffisances rénales dues à des ciliopathies.

Ces exemples montrent qu'en partant de connaissances parfois considérées comme des niches, il est possible de développer une start-up avec une ambition et un marché bien plus larges.

---

95. Voir step-ph.com.

96. Voir smart-immune.com.

**Où en est-on de l'utilisation des biotechnologies pour traiter les maladies rares ? Est-ce encore le futur ?**

Ce n'est pas vraiment le futur, mais le jour qui se lève. Et lorsque l'on dit qu'on est à l'aube de quelque chose, c'est une manière de dire que ce n'est pas demain. L'aube, c'est la journée qui vient et nous sommes dans cette journée. Ce n'est pas un hasard si le terme anglais *journey* signifie voyage. Et nous, nous sommes à l'aube d'un voyage, celui de la correction génétique.

# 3.5

# Chercher «outside the box»!

D'après un entretien avec

Miroslav Radman

Miroslav Radman est considéré comme un des pionniers de la biologie moléculaire. Il a été directeur de recherche au CNRS et à l'unité Inserm «Génétique moléculaire évolutive et médicale» (U571) et a fondateur à Split, sa ville natale, MedILS, un institut de recherche privé à but non lucratif. Aujourd'hui professeur de classe exceptionnelle de l'université Paris-Cité et académicien, Miroslav Radman a consacré sa carrière à l'étude des mécanismes de réparation de l'ADN.

Un chercheur pas comme les autres! C'est ainsi que Claudie Haigneré, alors ministre délégué à la Recherche et aux Nouvelles technologies, avait qualifié Miroslav Radman, en 2003, lorsqu'il reçut le grand prix de l'Inserm. Et c'est peu dire que ce biologiste moléculaire est un chercheur à part dans son domaine. Humaniste, volontiers iconoclaste, il propose un nouveau paradigme qui pourrait révolutionner la façon de penser et de pratiquer la biologie et la médecine. Alors accrochez-vous… mais à autre chose que vos acquis!

**Où vous situez-vous dans l'organigramme global de la recherche ?**

Je pense être un chercheur qui travaille en dehors de ce que l'on appelle le courant dominant, le « *mainstream* ». Cela reflète ma personnalité, mais d'un point de vue sociétal, je peux affirmer que ce courant dominant n'a pas besoin de mon aide. Il est tout puissant, il a les moyens, les gens, la connaissance. Y entrer en espérant y apporter ma pierre à son édifice, ou dans un esprit de compétition m'a toujours paru inutile sinon idiot. La science moderne, en particulier avec les avancées technologiques actuelles, est dominée par les pays occidentaux, notamment les États-Unis et l'Europe, ainsi que la Chine qui gagne en importance. Mais ces pays sont sur les mêmes autoroutes conceptuelles. Ils ont les moyens humains et financiers de rouler en Ferrari. Moi, je roule à bicyclette ! Ce serait idiot d'entrer en compétition à vélo sur les autoroutes ! Mon laboratoire de Split n'est pas équipé pour contribuer technologiquement à quelque chose de significatif. Je faisais moi-même partie du courant dominant, j'y ai même contribué dans le domaine de la réparation de l'ADN, de la création de mutations et de l'évolution. Mais roulant sur un vélo de course, j'ai pu sortir pour rejoindre le sentier des chèvres et des moutons pour découvrir quelque chose que les Ferrari ne verront jamais depuis leur autoroute.

Je déteste m'ennuyer et je suis vite gagné par l'ennui. Il faut que je bouge pour me sentir vivant. Le courant dominant de la recherche biomédicale m'ennuie profondément. De mon côté, je cherche les surprises qui peuvent être utiles pour la société. On peut mettre en œuvre de grands plans internationaux de recherche, mais on ne peut pas prévoir la surprise. Et c'est la seule chose qui m'intéresse. J'en ai même fait le slogan de MedILS (Mediterranean Institute for Life Sciences), le petit institut que j'ai créé en Croatie : « MedILS : l'investissement dans la surprise ».

Après la crise sociétale, psychologique et médicale qu'a engendrée la pandémie de Covid-19, et au regard de l'état d'esprit en

France et dans le monde, en particulier celui de la jeune génération, nous avons besoin de ce que Klaus Schwab[97] appelle un « *reset* », un changement total.

Il n'y a que deux événements capables de changer l'âme d'un peuple. Le premier, c'est la guerre. La Seconde Guerre mondiale a secoué le monde et à partir de 1945, on observe une explosion des avancées scientifiques, notamment avec le lancement du satellite Spoutnik. Mais on ne peut pas désirer la guerre. L'autre solution est de créer la surprise, une sorte de miracle, pour que les gens se disent que la vie n'est pas si angoissante et qu'il y a des choses positives inattendues. Nikola Tesla avait réussi ce pari après l'avènement de l'électricité[98]. Je me suis donc posé la question de savoir si nous pourrions, avec un petit groupe d'individus, sortir des sentiers battus et des autoroutes conceptuelles pour créer cette surprise. C'est ce qui a prévalu dans ma décision de revenir en Croatie – un pays tellement beau, mais la beauté ne crée pas de miracle –, afin de penser avec ma propre tête, hors de la pensée dominante. Je ne suis pas d'accord avec toute la publicité qui est faite autour de la recherche biomédicale, en particulier sur les technologies. Les technologies ne pensent pas, ce sont des outils qui, aussi compliqués et impressionnants soient-ils, ne font que produire des données. Combien de milliers de milliards d'euros ont été dépensés en une cinquantaine d'années ? Quel résultat pour le travail de millions de médecins et de docteurs ès sciences ? Pour les gens et pour les malades, ce résultat est en réalité négligeable. À ma connaissance, il n'y a pas un médicament qui guérisse une des maladies mortelles majeures.

Ces maladies sont celles qui sont liées à l'âge, et elles sont associées à toutes les pathologies létales, telles que les cancers,

---

97. Économiste allemand, fondateur du Forum économique mondial de Davos.

98. Nikola Tesla a notamment mis au point les premiers alternateurs permettant la naissance des réseaux électriques en courant alternatif.

les maladies dégénératives et le diabète de type 2. Si j'étais un investisseur avec des moyens conséquents, je n'injecterais plus mon argent dans ce genre de recherche. Les chercheurs qui les mènent récoltent des montagnes impressionnantes de données, mais deviennent des gestionnaires, des comptables de ces données, sans rien y comprendre. S'ils comprenaient quelque chose, ils auraient au moins déjà guéri le diabète de type 2. Je ne suis donc pas impressionné par les résultats ni par l'impact sur la santé publique de ce dernier demi-siècle de recherches extrêmement coûteuses, avec des chercheurs pourtant bien formés. Il me semble que nous sommes partis dans une mauvaise direction. Et il n'y a pas grand-chose pour se réjouir.

Je me suis posé une question, comme l'ont fait la physique au début du XXe siècle et la biologie moléculaire dans les années 1960 et 1970 : pourquoi dépense-t-on autant d'énergie et de ressources pour des résultats, disons-le, négligeables. L'émergence d'une mutation, d'une nouvelle espèce, d'un mouvement dans la peinture, la musique ou la physique se fait grâce à une poignée d'hommes et de femmes qui ont su se détacher de la pensée dominante pour éviter que la puissance, la masse et l'impact de cette dernière diluent leur propre pensée. Or si l'on isole la petite plante, la nouvelle bactérie ou le nouveau mouvement dans l'art ou la science, on sort de cette compétition contrôlée par l'argent. L'isolement intellectuel est une pépinière de véritables nouveautés, car au début, la nouveauté est fragile face au courant dominant.

Avec mon équipe, nous essayons de travailler et de penser de cette façon. Nous sommes minuscules, mais nous allons essayer de provoquer un effet fondateur en espérant qu'une surprise en émergera. Il faut que le chercheur soit surpris. Les grandes découvertes sont toujours des surprises. Sans surprise, on n'obtient que la suite de ce qui est déjà connu.

**Voulez-vous dire que la science serait d'abord une question de sérendipité ?**

J'en suis sûr ! Même en ce qui concerne l'évolution. Le grand théoricien japonais spécialiste de la génétique des populations, Motoo Kimura, a dit que l'évolution n'est pas le succès du plus fort ni du plus malin, mais de celui qui a le plus de chance. De prime abord, il y a de quoi être fataliste s'il ne faut compter que sur la chance ! Mais cela ne veut pas dire que les événements vont arriver, mais qu'ils vont se produire si l'on est hyperactif. Louis Pasteur disait : « La chance ne sourit qu'aux esprits bien préparés ». Cela signifie que si l'on garde l'esprit ouvert, que l'on reste constamment à l'affût, l'entropie, au sens physique du terme, l'énergie du désordre, génère au hasard des collisions de nouvelles structures. Il faut ensuite se soustraire à l'entropie pour ne pas risquer qu'elle défasse ce que par chance elle vient de créer. Il faut donc être hyperactif, les yeux grands ouverts pour saisir la chance au vol. Il faut davantage de sens concret. Que désire-t-on réellement pour ne pas être déçu en permanence ? Pour ma part, j'aimerais vivre dans une société harmonieuse, travailler en harmonie dans mon laboratoire. Mais comment mesurer, de façon holistique, le degré d'harmonie d'un système complexe, par exemple d'un organisme ?

**Après une brillante carrière au CNRS, à l'Inserm et à l'université Paris-Descartes,[99] vous êtes retourné en Croatie.**

En 2013, quand je suis devenu professeur émérite de la faculté de médecine de l'université Paris-Cité, j'ai tout de suite pris la décision de partir pour créer une équipe et m'isoler de manière à penser seulement avec mon propre cerveau. Je voulais avoir ce luxe de pouvoir faire des erreurs et d'en payer le prix dans ma quête d'une recherche féconde. Me permettre de penser « outside the box », hors des sentiers battus. Pour ce faire, la retraite ne vous

---

99. Aujourd'hui Université Paris-Cité depuis sa fusion avec l'université Paris-Diderot.

donne pas les moyens financiers, mais vous procure la liberté de penser et de dire ce à quoi vous croyez. On accumule les données, les arguments et on commence à croire à quelque chose qui n'existe pas encore. Et sans l'énergie que procure cette conviction, pourquoi travailler ? Au MedILS, nous avons toute la liberté de penser et de faire ce que nous voulons. Le seul obstacle, ce sont les moyens financiers. Qui est prêt à financer notre liberté ?

Cette volonté de chercher hors des sentiers battus, la retrouvez-vous chez vos étudiants ?

Je vais peut-être choquer, mais je constatais déjà malheureusement à Paris, et plus encore ici, que les jeunes renoncent à leur liberté en échange d'un salaire, pour avoir l'illusion de la sécurité. Je suis père et grand-père, et par simple comparaison avec ma génération, cela m'attriste. La liberté est peu à peu oubliée par les populations. Pendant la pandémie de Covid-19, l'Organisation mondiale de la santé (OMS) clamait : « Le plus important, c'est la santé. » Mais est-ce vrai ? Qui aimerait être un esclave en excellente santé ? À quoi sert la santé si l'on n'a pas la liberté d'en jouir et de donner un sens à sa propre vie ? Pour qu'il y ait une évolution culturelle, la liberté est fondamentale.

Vous abordez la science et la vie avec beaucoup de philosophie. Êtes-vous un peu épistémologiste à vos heures perdues ?

Si c'est le cas, c'est en autodidacte ! J'ai toujours eu un penchant pour la théorie et la philosophie, et j'ai un frère qui est philosophe des sciences. Nous avons quitté un village de cent cinquante habitants dont 90 % étaient illettrés. Alors je répondrai « peut-être ». En tout cas, ce serait un compliment !

Quand la biologie du vieillissement a-t-elle émergé dans le panorama de la recherche ?

Cela remonte à la première moitié du XXe siècle. Mais c'est plus près de nous, à la fin des années 1970, que le biologiste britannique Thomas Kirkwood a introduit la biologie moléculaire et évolutive dans le domaine de la santé avec son « soma jetable », un concept selon lequel un organisme dispose d'une quantité limitée d'énergie à répartir entre réparation/maintien et reproduction. Après la reproduction, ce n'était plus nécessaire d'investir dans le soma, mais encore faut-il calculer la valeur de l'évolution culturelle pour la survie biologique. Depuis 1974, aux États-Unis, le National Institute on Aging[100] est entièrement consacré à la recherche sur le vieillissement et doté d'un budget de trois cent cinquante millions de dollars. L'Europe reste encore loin derrière.

Pourquoi avoir choisi cette thématique pour vos recherches, et pourquoi les avoir commencées en France ?

Je suis né en ex-Yougoslavie, dans ce qui est aujourd'hui la Croatie, et parmi les nombreuses possibilités qui se sont offertes à moi, mon choix s'est tourné vers la France. J'étais étonné qu'en 2009, parmi les centaines de projets financés par l'Inserm, pas un seul ne portait sur le vieillissement. Or 90 % des décès en France sont liés à l'âge. Le vieillissement est la cause principale de presque toutes les maladies qui nous tuent. C'est ce que l'on appelle la racine causale de toutes les maladies, ce qui expliquerait pourquoi elles augmentent en suivant la même pente statistique que l'âge, c'est-à-dire suivant une puissance de cinq au cours du temps de vie. Ainsi, si un individu fume deux fois plus de cigarettes qu'un autre, son risque de cancer du poumon double, en suivant une trajectoire linéaire. Lorsque l'on regarde l'âge, entre trente et soixante ans, le risque de mourir est multiplié par trente-deux, soit 2 à la puissance 5 ! Rien n'est plus dangereux pour la vie que de vivre !

À partir de 2004, après une longue carrière dans la réparation de l'ADN, j'ai voulu explorer les limites de la vie avec une jeune postdoctorante venue de Zagreb. Qu'est-ce qui fait que certaines bactéries, certains petits animaux comme les rotifères sont qua-

100. L'un des vingt National Institutes of Health (instituts nationaux de la santé), équivalent américain de l'Inserm.

siment immortels, parviennent à survivre lorsqu'ils sont irradiés avec des doses deux mille fois plus élevées que les doses mortelles pour nos cellules ? Ils ont pourtant les mêmes types de gènes, les mêmes protéines que nous. Nous avons découvert que la différence principale – et cette différence est suffisante – réside dans le fait qu'ils synthétisent de petites molécules qui agissent comme un écran protecteur contre la corrosion du matériel biologique, en particulier contre celle des protéines.

À chaque essai, nous avons trouvé que ce n'est pas la protection de l'ADN qui est en jeu, mais celle des protéines, le fait de les rendre inoxydables. Car les protéines exécutent toutes les fonctions de vie, soit directement, comme la réplication des gènes, leur transcription, leur traduction et leur réparation, soit par la synthèse d'autres molécules, comme l'ADN, l'ARN, les lipides et les protéines elles-mêmes. Nos globules rouges n'ont pas d'ADN, ils fonctionnent pourtant pendant deux à quatre mois. C'est bien la preuve que les protéines sont la fonction, l'ADN n'est que la mémoire, l'architecte pour les synthétiser. Elles sont fragiles, s'oxydent et finissent par dysfonctionner, devenant même toxiques pour les cellules si elles ne sont pas dégradées et évacuées. Lors de mon élection à l'Académie américaine des sciences, sa présidente a déclaré que ma contribution était d'avoir changé la vision de la vie et de la santé des cellules centrée sur l'ADN pour une vision centrée sur les protéines.

**La recherche sur le vieillissement se concentre donc aujourd'hui davantage sur les protéines que sur l'érosion des télomères.**

Les télomères, les mitochondries, l'épigénétique… tout est vrai. À ceci près que tout est fait par les protéines. Les télomérases, qui sont en très faible quantité dans nos cellules, sont parmi les protéines les plus sensibles à l'oxydation et quand elles ne sont pas remplacées, les télomères commencent à se raccourcir. Cela explique et intègre tous les points de vue et toutes les théories du vieillissement, qui deviennent des détails de notre vue d'ensemble. Nous ne sommes donc pas face à une contradiction, mais plutôt face à une explication et à son intégration.

Aujourd'hui, à mon âge, j'ai le sentiment que nous n'avons pas de temps à perdre avec des détails, et qu'il est essentiel d'essayer de comprendre comment l'ensemble fonctionne. Et cela concerne tous les systèmes complexes, notre société ou un avion par exemple. Imaginez un avion à dix mille mètres d'altitude dont il faut réparer un moteur en plein vol. C'est évidemment très dangereux. Or nous, les humains, nous vivons en plein vol, et nous voudrions que ce soit perpétuel. On ne peut pas s'arrêter pendant une semaine, le temps de la réparation. Nous avons besoin pour cela d'une science, la biologie des systèmes. C'est la voie de recherche théorique la plus prometteuse, selon moi, pour comprendre comment s'harmonise un système extrêmement complexe, un peu comme on crée l'harmonie en musique, et pourquoi elle nous procure un tel plaisir. L'harmonie, c'est l'efficacité, quand il y a suffisamment de tout, surtout pas d'excès et rien d'inutile à long terme. Les excès sont des métastases, des bulles qui explosent. L'harmonie, c'est l'efficacité, le minimum d'entropie, la santé et la beauté.

#### D'où cette idée d'un nouveau paradigme du vieillissement vous est-elle venue ?

L'Europe continentale a pris un retard incompréhensible parce qu'elle ne s'est pas rendu compte qu'au moins une centaine de maladies malignes et dégénératives sont dues à la corrosion des protéines. S'il y a une chance que la cause de toutes ces maladies soit commune, et que seuls les maillons faibles innés inscrits dans nos gènes nous rendent tous différents, alors c'est la maladie qui nous différencie les uns des autres. Il y a des prédispositions innées, des maillons faibles qui lorsqu'ils cassent, avec cette chimie du vieillissement qu'est la corrosion des protéines, déclenchent une maladie. Mais s'il est avéré qu'il n'y a qu'une seule cause, cela veut dire qu'il serait plus simple de prévenir et guérir simultanément toutes les maladies plutôt que chacune d'elles isolément. Ce n'est pas une chose folle de dire cela, car des individus qui réussissent à prévenir en bloc toutes les maladies, cela existe. On les appelle des centenaires. Quatre personnes sur dix mille sont centenaires et jusqu'au bout de leur vie, elles n'attrapent aucune des maladies qui tuent le reste de la population. Il existe certainement un modèle humain qui en explique la cause, parce que ces individus respirent le même oxygène que les autres et ont les mêmes mitochondries pour produire de l'énergie. Mais ils ne sont apparemment pas atteints par les maladies alors que rien dans leur façon de vivre ne les distingue du reste de la population. Leur génome des centenaires contient les mêmes prédispositions que celui des non-centenaires, ils portent la cause de la maladie sans qu'elle se manifeste.

Comment l'expliquer sinon par le fait qu'ils n'ont aucune prédisposition. En règle générale, à quatre-vingt-dix ans, un futur centenaire ne prend aucun médicament. Il ou elle vieillit, comme un bruit biochimique qui augmente sans qu'il y ait de maladies chroniques, et qui finit par s'éteindre. Je rêve de faire de la population humaine une population de centenaires, que nous puissions tous, du moins intellectuellement, travailler jusqu'à la fin de notre vie, comme la neurologue et prix Nobel italienne Rita Levi-Montalcini ou l'architecte brésilien Oscar Nemeyer, tous deux morts à cent trois ans. L'existence même des centenaires est une invitation irrésistible à la recherche sur le vieillissement et, surtout, les maladies.

Quelles sont les voies pour parvenir à cette société de centenaires ?

Nous avons beaucoup appris sur la source des radicaux libres, dont le biochimiste américain Irwin Fridovich parlait déjà dans les années 1950. Ce qui est nouveau, plus que le niveau de métabolisme oxydatif qui produit l'énergie utile à la cellule, mais aussi les radicaux qui font rouiller les molécules, c'est la sensibilité des protéines à l'oxydation, laquelle était maximale après le premier milliard de la vie puisque la vie était unicellulaire et anaérobie. Le niveau d'oxygène dans l'atmosphère étant alors de l'ordre de 1 %, les protéines étaient sensibles, naïves. Il n'y avait pas encore le défi des radicaux libres. Avec l'arrivée de la photosynthèse, le taux d'oxygène a augmenté jusqu'à atteindre 21 %, un métabolisme beaucoup plus efficace, oxydatif, est apparu dans les mitochondries et la production de radicaux libres a augmenté. Pour la vie, il fallait que les protéines deviennent de plus en plus inoxydables pour pouvoir durer.

Nous avons appris les règles de la résistance intrinsèque, de la résilience de nos protéines contre l'effet des radicaux libres. Nous avons aussi appris que les prédispositions aux maladies sont des mutations qui ne modifient pas la fonction de la protéine, mais la protéine elle-même. Le fait de ne plus être protégées au maximum contre les radicaux libres – la faute en revient à la sélection naturelle – a rendu les protéines beaucoup plus sensibles au polymorphisme[101] des gènes.

Nous sommes aujourd'hui à la recherche de petites molécules dites « chaperonnes » qui vont se lier à ces protéines anormales, parce que les acides aminés hydrophobes de ces dernières sont confinés à l'intérieur de leur structure. Mais lorsque la structure de la protéine change, ces acides aminés se retrouvent exposés aux protéines chaperonnes. Et si ces petites molécules sont, en plus, antioxydantes, elles procurent une protection rapprochée. C'est la recherche sur la protection de l'état juvénile des cellules, donc de la santé, qui m'enthousiasme aujourd'hui.

On trouve ces protéines chaperonnes dans les cellules d'organismes extrêmement robustes que l'on qualifie d'ailleurs extrêmophiles. Un des organismes – certainement le plus emblématique des micro-organismes extrêmophiles – sur lequel j'ai travaillé avec

101. Existence de plusieurs versions différentes (allèles) d'un même gène.

mon équipe lors de nos recherches sur le vieillissement est la bactérie *Deinococcus radiodurans*, qui peut survivre à des doses mille fois plus élevées que les doses mortelles pour les autres bactéries. Lorsqu'elle est irradiée, son ADN se casse en centaines de morceaux, mais ses protéines restent protégées. Après quoi, elles recollent ces fragments d'ADN sans aucune erreur, aboutissant à une véritable résurrection.

On connaît le tardigrade, ce micro-organisme capable de réparer le bout (télomère) de ses chromosomes grâce à une enzyme, la télomérase. Mais d'autres organismes ont-ils ces superpouvoirs ?

En 2012, j'ai publié avec Matthew Meselson, qui a été mon directeur de thèse à l'université Harvard, un article sur les rotifères bdelloïdes[102] (semblables au célèbre ver *Cænorhabditis elegans*), des organismes très complexes d'un millier de cellules qui nagent très rapidement, se nourrissent de bactéries et résistent à la dessiccation, ce qui leur permet de survivre dans le vide. On peut ainsi les conserver pendant des décennies. Il suffit de les réhydrater pour qu'ils reprennent le cours de leur vie comme si elle venait de s'arrêter. Tous les organismes résistants à la déshydratation radicale sont en même temps résistants aux radiations.

En réponse à des désastres comme des radiations liées à une catastrophe nucléaire ou une déshydratation totale, il s'agit de trouver des protéines actives pour enclencher le processus de réparation, de résurrection. C'est ce que nous avons étudié pendant une quinzaine d'années et qui nous a aidés à comprendre les mécanismes du vieillissement, en particulier en déterminant que la clé réside dans le maintien de l'activité des protéines, qui portent toutes les fonctions de la vie. La télomérase n'est qu'une de ces protéines, le télomère devient donc un détail.

102. Anita Krisko, Magali Leroy, Miroslav Radman et Matthew Meselson, « Extreme anti-oxidant protection against ionizing radiation in bdelloid rotifers », *National Academy of Science*, janvier 2012.

**Vous disiez, avec un peu de malice, que le but de la biologie du vieillissement est de produire des centenaires. Et plus sérieusement?**

C'est avant tout de lutter contre un effet du vieillissement que sont les maladies chroniques mortelles. La pandémie de Covid-19 a aussi montré que le vieillissement du système immunitaire augmente la mortalité liée aux maladies infectieuses. Au niveau du système nerveux, ce sont les maladies dégénératives qui mènent à la mortalité, avec d'un côté un déficit du catabolisme[103] des cellules nerveuses, comme dans le cas de la maladie d'Alzheimer, et de l'autre, un déficit de leur anabolisme[104], c'est-à-dire lorsque le métabolisme devient peu oxydant, donc moins efficace, et que les cellules investissent non plus dans le travail, mais davantage dans leur reproduction inutile, consommant de plus en plus de ressources dont elles privent le reste de l'organisme. Ce que l'on appelle un cancer.

**Quelles sont les applications biotechnologiques qui découlent des recherches fondamentales en biologie du vieillissement?**

Les chercheurs, moi y compris, ont besoin de moyens financiers pour payer le personnel, acheter les équipements et les consommables nécessaires à leurs travaux. Ils sont amenés à faire des promesses pour obtenir des financements. Cela brouille leur mission, car ils deviennent des marchands. Ils doivent montrer qu'ils sont des managers sérieux, comme si le management était le but. Mais il ne l'est pas. L'industrie pharmaceutique est un orchestre symphonique au sein duquel pour produire un médicament tout doit fonctionner à merveille, sans erreur. Or la voie pour rechercher la nouveauté n'est pas celle-là, mais plutôt l'exploitation de la connaissance acquise par un processus qui ressemble au fonctionnement d'un groupe de jazz : tout n'est pas écrit et on se stimule les uns les autres pour créer la musique en temps réel.

---

103. Réactions de dégradation des molécules organiques.

104. Réactions de synthèse des molécules organiques.

L'application industrielle des recherches ne devrait jamais interférer avec la recherche de nouveauté parce que chacune de ces cultures détruit l'autre. On cherche parce que l'on ne connaît pas. Il faut être capable d'admettre que l'espace de notre ignorance est immense. Le rapprochement des deux en faisant entrer la culture corporatiste industrielle et commerciale dans la science fondamentale n'aurait jamais dû être mis en œuvre. Pasteur, le grand-père de la recherche appliquée, ne disait-il pas qu'« il n'y a pas de science appliquée, il n'y a que l'application de la science » ?

La grande erreur est d'avoir ruiné l'efficacité de la recherche de rupture avec cet utilitarisme et ce mercantilisme liés aux grandes découvertes censées changer le monde. La connaissance devrait entrer en contact avec le pouvoir pour lui servir de conseiller et rien de plus, mais à la place, c'est le pouvoir qui est entré dans la science et qui l'a abîmée. On l'a bien vu pendant la pandémie de Covid-19. La science a besoin de liberté. Liberté qui était jusque-là abritée dans les tours d'ivoire que sont les grandes universités et les grands centres de recherche. Le pire que l'on pouvait faire était de détruire ce mur qui la protégeait. Laissez-nous faire des erreurs ! Nous ne les faisons pas parce que nous le voulons, mais parce que nous ne savons pas. On est hyperactif pour augmenter la probabilité que le miracle s'opère et que la surprise émerge sous la forme d'une découverte. Pour le grand public, celui qui ne comprend pas cela n'aura jamais une science efficace et désirable.

Mais il faut bien que les résultats de leurs recherches se traduisent, tôt ou tard, par des retombées pour les populations, comme avec les vaccins anti-Covid-19.

Je ne suis pas impressionné par l'efficacité de ces vaccins. Jean Perrin, le prix Nobel de physique en 1926, a dit que si l'on avait demandé aux médecins de trouver une méthode pour regarder à l'intérieur du corps humain vivant, nous n'aurions jamais découvert les rayons X. Ce n'est pas le besoin qui crée la découverte, autrement les pays les plus pauvres deviendraient les plus riches !

C'est la sérendipité, c'est Pierre et Marie Curie, c'est Wilhelm Röntgen. Il faut avoir une liberté totale, un spectre très large pour chercher. Si l'on regarde les résultats de la médecine au cours du demi-siècle écoulé, il n'y a que la chirurgie qui a progressé.

C'est une question de qualité. En 1974, mon ami le biologiste Jacques Ninio a montré que lorsque l'on accélère un processus, le taux d'erreur augmente inévitablement. C'est la même chose avec la nourriture, on préfère le *slow food* au *fast food* parce que c'est meilleur pour la biodiversité et la société. Il existe d'ailleurs un mouvement en France qui prône la « slow science », une science de haute qualité qui se donne le temps de réfléchir au lieu d'être poussée par le système à aller vite et à publier beaucoup. Mais aujourd'hui, la qualité des chercheurs, et plus généralement celle de la science, chute. Les congrès ne m'intéressent plus parce que 90 % du temps, je m'y ennuie. Où est la science qui se donnait le temps de réfléchir, de travailler et de tester ? On ne s'est, par exemple, pas donné le temps de tester les vaccins à ARN. Le jeu que l'on appelle recherche n'est plus aussi désirable.

Je suis pour l'amélioration biologique de l'espèce humaine en prolongeant la qualité des processus chimiques et biologiques qui permettent les capacités que nous possédons déjà – optimales entre les âges de dix et quinze ans –, afin de conserver les capacités intellectuelles. Aller trop vite en besogne pour obtenir des financements est considéré par les citoyens comme risqué, parce que ce sont eux qui auront à payer le prix des erreurs de cette « *fast science* ». L'application arrive après la connaissance et procède de ses propres méthodes, qui sont très différentes de celles qui permettent de chercher et de découvrir des surprises.

#### La recherche fondamentale est moins subventionnée qu'elle ne devrait l'être ?

Ce n'est pas nouveau ! Si l'on examine les découvertes majeures depuis la seconde moitié du XVIIIe siècle jusqu'au début du XXe siècle, l'efficacité par personne ou par dollar à faire émerger de grandes découvertes est jusqu'à mille fois plus faible. On pourrait en conclure qu'il était plus facile de découvrir des choses simples. Mais ce n'est pas le cas. En observant le maïs, la généticienne américaine nobélisée Barbara McClintock a prédit les éléments transposables, autrement appelés « gènes sauteurs » ; François Jacob et Jacques Monod ont utilisé des boîtes de Petri pour isoler les gènes répresseurs et les sites opérateurs du génome. Le génie, c'est utiliser une technologie primitive pour arriver à découvrir. Aujourd'hui, nous sommes devenus dépendants de la technologie, on ne croit plus en l'homme.

Au début des années 2010, j'ai rédigé un éditorial ayant pour titre : « Pariez sur les chercheurs comme sur les chevaux ». Je ne vois pas de méthode plus efficace pour produire la nouveauté que de regarder ce que font les chercheurs, les artistes, et de parier sur eux comme on le fait avec les chevaux. Je ne dis pas que la majorité des financements doivent être distribués librement aux chercheurs pour qu'ils fassent ce qu'ils veulent dans leur laboratoire, mais puisqu'il faut donner des limites, octroyons seulement 1 % de ces budgets et une liberté totale à un petit nombre de chercheurs, contre un petit rapport d'activité annuel et observons le résultat. Faisons confiance aléatoirement, il n'y a pas de meilleure méthode pour éviter de nourrir un parasitisme sociétal sur des secteurs aussi vitaux que la médecine et la science.

# IV

## Financement, réglementation, politique de recherche…

# Et les biotechs dans tout ça ?

« Il faut tendre vers l'impossible : les grands exploits à travers l'histoire ont été la conquête de ce qui semblait impossible. »

Charlie Chaplin, comédien et cinéaste

Tendre vers l'impossible… Il était impossible de conclure cet ouvrage sans aborder les sujets qui fâchent dans le microcosme des biotechnologies françaises, et plus généralement dans le vaste secteur de la recherche. En décembre 2003, des chercheurs français de tous les domaines, tant littéraires que scientifiques, se mobilisaient pour signifier à l'opinion publique et aux dirigeants politiques hexagonaux leur inquiétude vis-à-vis du financement public des travaux de recherche que prévoyait la loi d'orientation et de programmation pour la recherche et l'innovation proposée par le gouvernement Jean-Pierre Raffarin. Ils fondèrent l'association « Sauvons la recherche[105] » et lancèrent une pétition, très vite relayée par un mouvement de contestation de la communauté scientifique en France et à l'étranger, qui se conclura par la démission de très nombreux directeurs de laboratoire.

Les principales revendications étaient claires : une augmentation du budget de la recherche à hauteur de 3 % du produit intérieur brut tel que le prévoyait le budget en 2002, une augmentation du nombre de postes pour les jeunes chercheurs et la mise en place d'Assises de la recherche afin de définir une politique de

105. sauvonslarecherche.fr.

recherche nationale à long terme pour que la France reste compétitive face à une concurrence internationale très rude. Le Gouvernement finit par plier, mais la victoire fut de courte durée. En 2005, toujours sous la houlette du Premier ministre Raffarin, la réforme de la recherche, et avec elle celle de l'enseignement supérieur, revint avec fracas sur le devant de la scène. Il fut alors décidé de la création d'une agence de financement de la recherche « par projets », destinée à financer en priorité les projets d'excellence. Accompagnée d'un cortège d'autres dispositifs de fléchage des dotations tels que les Instituts Carnot, les laboratoires d'excellence (LabEx) et les initiatives d'excellence (IdEx), l'Agence nationale de la recherche (ANR) prend son envol, au grand dam de nombreux chercheurs qui y voient davantage une agence de la compétition avec leurs pairs qu'une agence de la compétitivité de la recherche hexagonale.

Le Crédit Impôt Recherche (CIR) est lancé au même moment. Il est censé permettre de soutenir le financement des travaux de recherche des petites et moyennes entreprises en étalant leurs impôts et leurs charges sur au moins trois ans. Si le dispositif s'avère très positif pour les start-up qui font de la recherche, le fait qu'il soit conditionné dans le temps convient assez peu au domaine des biotechnologies dont les délais de recherche et de développement sont en moyenne de huit à dix ans. Et que dire du fait que quelques années plus tard, les grosses sociétés pharmaceutiques purent profiter du CIR par le jeu de rachats de start-up de recherche, raflant au passage une grosse partie du budget du dispositif au nez et à la barbe des petites entreprises auxquelles il était originellement destiné.

Mais il n'y a pas de recherche sans évaluation. Un an plus tard, en 2006, l'Agence d'évaluation de la recherche et de l'enseignement supérieur (AÉRES) est créée. Elle deviendra le Haut Conseil de l'évaluation de la recherche et de l'enseignement supérieur (Hcéres) en 2014.

Tout change également du côté de l'enseignement supérieur. Depuis 2006, l'excellence est aussi devenue le maître-mot. Fini les petites universités de province où l'on enseigne un peu de tout, il faut des Harvard françaises ! Désormais, c'est dans de grands pôles d'enseignement, dans les villes les plus importantes ou dans leur proximité immédiate, que cela se passera. Le but affiché est de renforcer les synergies entre acteurs de l'enseignement supérieur et accentuer leur attractivité internationale, pour donner aux établissements davantage d'autonomie dans leur stratégie et dans la gestion de leurs moyens[106]. À partir de 2006, cela se traduira successivement par la création d'établissements publics de coopération scientifique (EPCS), de pôles de recherche et d'enseignement supérieur, et depuis 2015, par, entre autres, la mise en place de communautés d'universités et d'établissements. En tout, ce sont vingt-cinq grands ensembles qui ont ainsi été créés sur le territoire français.

Après ce bref résumé, on pourrait se dire que la France dispose d'atouts pour porter au plus haut niveau sa recherche, en particulier en biotechnologies. Mais nous sommes encore bien loin de la vivacité du secteur observée chez nos voisins européens et chez les autres grandes nations de recherche, États-Unis en tête. Alors, qu'en pensent les chercheurs et les entrepreneurs ?

Pour clôturer cet ouvrage, cinq personnalités, issues de divers domaines des biosciences et créateurs d'entreprise pour la plupart, nous éclairent sur les bienfaits des mesures qui ont été prises pour maintenir la recherche française à flot, mais aussi leurs méfaits et les solutions qu'ils entrevoient pour solidifier le jeune secteur des biotechnologies françaises.

Laissez-nous vous les présenter...

106. Voir « Regroupements universitaires : 25 grands ensembles pour viser l'excellence » sur franceuniversites.fr.

**André Choulika** est docteur ès virologie moléculaire. Passé par Sorbonne Université et l'Institut Pasteur, il a fait des études post-doctorales à l'école de médecine de l'Université Harvard (Harvard Medical School), dans le laboratoire de Richard Mulligan, un des pères des vecteurs rétroviraux et de la thérapie génique, puis à l'institut de médecine de la même université, et enfin au Boston Children Hospital. Après avoir suivi la formation HEC Challenge+, en 2009, sur un transfert de technologie de l'Institut Pasteur, il a fondé avec David Sourdive la start-up Cellectis [107]spécialisée dans le développement d'immunothérapies basées sur les cellules CAR-T. Il a présidé pendant cinq France Biotech, une association des entrepreneurs en sciences de la vie fondée en 1997.

**Franck Zal** est docteur en biologie marine et écophysiologiste. Sa rencontre avec le commandant Cousteau l'a poussé à faire des études d'océanographie à l'université Pierre-et-Marie-Curie, Paris-VI, et à embrasser la carrière de chercheur. Ce qu'il deviendra en rejoignant la station marine du CNRS à Roscoff. Cet amoureux de la mer qui considère que la nature est une « bibliothèque scientifique » a quitté la recherche pour fonder en 2007 à Morlaix la société Hemarina[108] qui produit des substituts sanguins à partir d'un ver marin (*Arenicola marina*).

**Pierre Tambourin** a été chercheur en cancérologie expérimentale à l'Inserm, où il a étudié les processus de cancérisation des cellules du sang. Au cours de sa carrière, il a successivement été chercheur puis directeur de recherche à l'Inserm, directeur de la section biologie de l'Institut Curie et directeur du département des sciences de la vie du CNRS. Grand défenseur des biotechnologies, il a participé à la création en 1998 de Genopole[109], à Évry qu'il a dirigé pendant quatorze ans. Il préside aujourd'hui le Comité national de réflexion éthique sur l'expérimentation animale.

107. Voir cellectis.com.

108. Voir hemarina.com.

109. Voir « 20 ans de Genopole » sur www.genopole.fr.

**Jean-Paul Cadoret** a débuté comme ostréiculteur en Bretagne, où il dirigeait une écloserie. Repéré par l'Institut français de recherche pour l'exploitation de la mer (IFREMER), il est devenu technicien de laboratoire. Il a repris ses études et obtenu une thèse en océanologie. En tant que chercheur, il a rejoint en 2001 le laboratoire « Production et biotechnologie des algues » de l'IFREMER, à Nantes, puis est devenu directeur du laboratoire Physiologie et biotechnologie des algues en 2005, et enfin directeur de l'unité Biotechnologies et ressources marines en 2013 au sein de l'institution. Puis il a quitté la recherche pour le secteur biotechnologique privé. Depuis 2014, il est directeur scientifique d'Algama[110], une biotech spécialisée dans la culture d'algues et de microalgues destinées à la production d'ingrédients pour l'alimentation humaine et animale, la cosmétique, la santé ou encore l'agronomie.

**Stuart Edelstein** est docteur ès biochimie de l'Université de Californie à Berkeley. Il a effectué un stage postdoctoral à l'Institut Pasteur aux côtés de Jacques Monod, puis a enseigné à l'Université Cornell aux États-Unis, puis à l'Université Paris 12. Il est aujourd'hui Professeur émérite à l'Université de Genève, dont il a dirigé le département de biochimie, ainsi que Professeur extraordinaire de l'École normale supérieure. En 1998, il a été nommé Membre étranger de l'Académie française des sciences. Ses travaux sur la structure de l'hémoglobine et ses variantes dans des maladies telles que la drépanocytose l'ont mené à la co-création de deux start-up biotech en France, Genomic Vision[111] et SciPio Bioscienc[112]. Il est actuellement Président et directeur scientifique de cette dernière, qui produit des kits de préparation au séquençage d'ARN messager. Il sera le point de vue anglo-saxon de cette dernière partie.

---

110. Voir algamafoods.com.
111. Voir genomicvision.com.
112. Voir scipio.bio.

### Une politique de recherche et d'innovation plus en accord avec les ambitions françaises

Le constat des chercheurs devenus entrepreneurs est souvent le même, et généralement plutôt amer quant aux politiques qui dictent la recherche. Si le système qui empêchait les scientifiques de développer leurs recherches dans une entreprise s'est adouci, il n'a pas réussi à retenir nombre d'entre eux de le quitter. Voici ce que déclare Franck Zal lorsqu'il a voulu créer Hemarina : « J'avais le statut de chercheur au CNRS lorsque j'ai découvert le potentiel du vers arénicole à produire une hémoglobine compatible avec le sang humain. C'était une révolution, on pouvait sauver des vies. Mais ce n'était pas possible du fait des statuts du CNRS. Les brevets devaient être transmis à un industriel. La graine de la frustration était plantée. Comme j'avais envie d'aller plus loin, j'ai démissionné du jour au lendemain de mon emploi dans le secteur public et un statut confortable de fonctionnaire pour quelque chose de plus incertain, mais j'étais persuadé de faire le bon choix. Pourtant, je n'avais jamais réalisé d'essais cliniques et je ne connaissais rien à la réglementation. » Et quand on lui demande s'il nourrit des regrets d'avoir quitté le secteur public, il répond : « Mon seul regret est de ne plus plonger en mer avec mes anciens collègues ».

Le biologiste marin Jean-Paul Cadoret a aussi quitté la recherche publique pour le secteur privé. Il explique les raisons de ce virage professionnel : « La recherche est aux mains de gens qui sont là pour faire carrière alors que dans le privé, il y a une volonté d'aller vers l'efficacité. Ceux qui ont une vraie vision pour la recherche ne sont pas forcément aux bonnes places. » Selon lui, un des problèmes de la recherche est lié au statut même du chercheur, « le fonctionnariat dans la recherche est "anti-sélectif" ». Un point que partage Franck Zal : « Il existe une concurrence entre chercheurs en France, mais la concurrence scientifique, c'est sain, c'est une émulation. A-t-on réellement besoin d'un statut de fonctionnaire pour faire de la recherche ? »

Si l'on en croit les deux chercheurs et d'autres qui partagent cet avis, un des écueils actuels de la recherche publique française est l'absence de lien avec le monde de l'entreprise comparativement à ce qu'ils ont pu observer dans d'autres pays, en particulier aux États-Unis, qui restent un modèle du genre. Cette absence de porosité entre secteurs public et privé de la recherche en France reposerait sur une lacune d'enseignement et de formation, voire de culture entrepreneuriale. Une situation que déplore Jean-Paul Cadoret : « L'université porte un péché originel, elle n'a pas assez d'autonomie. J'aimerais connaître le nombre d'enseignants qui ne sont jamais sortis de leur faculté. Un étudiant qui termine son doctorat et devient maître de conférences n'est jamais allé voir ce qui se passe dehors. Et malheureusement, l'université française n'est pas là pour lui apprendre un métier. Personnellement, je suis pour une formation en apprentissage au niveau bac +5 et pour proposer des contrats d'alternance aux jeunes docteurs plutôt que des stages. » De son côté, Franck Zal, qui a obtenu un MBA[113], propose d'allonger la durée d'une thèse : « Un doctorant sait qu'il n'y aura pas de poste pour lui dans la recherche académique. Pourquoi ne pas former les étudiants au commerce pendant sept ou huit mois à la fin de leur thèse ? Il faudrait davantage de passerelles, de synergies et même de symbiose entre la recherche et l'entrepreneuriat. » Pierre Tambourin, l'ancien directeur de Genopole, à Évry, souhaite que les formations fassent intervenir « des gens qui savent ce qu'est une entreprise, qui l'ont vécue et qui ont parfois perdu de l'argent dans l'aventure, et pour former les jeunes chercheurs qui n'ont aucune culture ni industrielle, ni financière, ni budgétaire. » L'ancien directeur du premier cluster français de biosciences propose aussi d'impliquer davantage les structures d'accompagnement des start-up pour cultiver l'esprit entrepreneurial : « Nous avons vingt à trente ans de retard sur les États-Unis

113. Master of Business Administration : master en administration commerciale.

qui n'ont aucun problème déontologique à ce que les incubateurs de projets jouent un rôle de formation en faisant intervenir les meilleurs experts mondiaux pour leurs enseignements à destination des jeunes entrepreneurs. En France, nous en sommes encore à faire cela entre nous, avec des gens qui n'ont pas forcément une grande expérience puisque tout ceci n'existait pas jusque très récemment. L'innovation est un univers à la fois très complexe et très riche qu'il faut développer dans tous les sens. Or, tout montre à quel point la France s'y est intéressée avec une sorte d'amateurisme. Lorsque nous avons démarré Genopole, nous étions dans cette même situation. » Le chercheur admet par ailleurs que « le secteur industriel français s'est progressivement appauvri du point de vue de ses capacités à travailler avec la recherche publique ou à l'aider ».

André Choulika, PDG de Cellectis, est plus nuancé que ses deux confrères quant à la faiblesse de la formation de l'université française concernant les liens avec l'entreprise. « C'était vrai il y a vingt ans, moins vrai il y a dix ans et ce n'est plus vrai du tout aujourd'hui. Ce n'est pas aux cellules de valorisation de faire ça. C'est dans la tête des chercheurs et des étudiants que cela doit se passer. Et ils ont déjà bien évolué. Avant, il fallait choisir entre gagner sa vie ou être enseignant-chercheur. C'était deux mondes complètement différents. Il y a une porosité beaucoup plus importante aujourd'hui ; les frontières ont été cassées. »

### Une culture du risque inexistante

C'est ce qui revient le plus souvent dans la bouche des entrepreneurs en biotechnologies français qui ont traversé l'océan Atlantique pour aller observer aux États-Unis ce qui en fait les leaders incontestés du domaine, notamment en ce qui concerne les investissements financiers. « En France, il y a longtemps eu des gouvernements plutôt déconnectés de la réalité du terrain. Tout est très jacobin, centralisé à l'extrême. En fait, il faudrait éduquer nos gouvernants à un autre paradigme. Chez nos voisins américains, l'État n'intervient pas. On laisse les entrepreneurs en paix », explique Jean-Paul Cadoret.

Les investisseurs français seraient ainsi plus frileux quand il s'agit d'investir dans des technologies sensibles, d'autant plus si elles sont basées sur le vivant. André Choulika décrit bien ce qui nous sépare des pays anglo-saxons : « En France, on parle de pouvoir d'achat pour créer de la croissance, c'est une culture de la consommation. Les États-Unis ont une autre mentalité. Ils ont une expression : "put the money at work", faire travailler l'argent. On ne donne pas l'argent pour qu'il soit dépensé, on l'investit pour qu'il génère encore de l'argent. Il faut expliquer aux politiciens et aux futurs entrepreneurs les grands principes macro-économiques du système des biotechs, ce que sont les tours de financements auprès des capital-risqueurs, et comment l'innovation doit sortir extrêmement vite des laboratoires pour atteindre des masses critiques suffisamment importantes afin de battre la concurrence. » « En France, on a l'habitude de saupoudrer, mais les montants ne suffisent pas pour développer une biotech sur le moyen terme », explique Franck Zal. Selon lui, « aux États-Unis, entrepreneurs et investisseurs se projettent immédiatement dans des pilotes de production, c'est linéaire. Chez nous, on commence seulement maintenant à agir de cette façon. Le développement de biotechnologies est un processus long qui demande beaucoup d'investissements à long terme. Il faut généralement quinze à vingt ans pour voir émerger un produit. »

Les entrepreneurs français sont élogieux vis-à-vis du système américain de soutien aux biotechnologies, mais qu'en pensent les Américains ? Stuart Edelstein a un regard plutôt positif sur le tissu entrepreneurial français de la biotech qu'il trouve très dynamique : « Une révolution s'est opérée. Elle n'est peut-être pas visible aux yeux du grand public, mais les mentalités ont changé. Les jeunes chercheurs en biotechnologies sont plus enclins à créer des start-up

qu'il y a dix ans, lorsque c'était encore tabou et que les seules institutions de recherche qui possédaient un département de valorisation étaient l'Institut Pasteur et l'Institut Curie. » Toutefois, le chercheur américain relève lui aussi les carences du système de financement de son pays d'accueil : « Là où cela ne suit pas, c'est au niveau des investisseurs. Ils n'ont pas le courage de leurs homologues aux États-Unis, qui jettent pratiquement de l'argent entre les mains des start-up pour les pousser à aller vite, en sachant pertinemment qu'il n'y en aura peut-être que 20 % qui réussiront. Mais ce pourcentage suffit largement pour prendre le risque. En France, les investisseurs sont beaucoup plus hésitants, ils recherchent en permanence la sécurité dans leurs investissements. Je pense qu'ils n'ont pas compris la notion de “risque” dans le capital-risque. Ils veulent souvent récupérer rapidement leur argent avec un profit conséquent. Ils n'essaient pas à développer des licornes[114]. Il n'y en a d'ailleurs que très peu en France, et c'est aussi lié à la mentalité des investisseurs. Pour que le secteur des biotechnologies progresse en France, il faut que l'argent soit disponible. Et c'est clairement l'avantage qu'ont les États-Unis. »

### Impossible n'est pas français !

Comme tous les entrepreneurs qui se respectent, les nôtres ont des solutions pour sortir les biotechnologies françaises de l'ornière dans laquelle elles restent bloquées, et qui fait d'elles encore un nain en comparaison des États-Unis qui représentent à eux seuls 60 % du marché mondial. Et il y a urgence, car la concurrence sera bientôt plus rude avec l'arrivée dans la compétition de nombreux autres pays que nous énumère André Choulika : « L'Inde, la Chine et Cuba ont d'ores et déjà un secteur biotech viable. L'Europe de l'Est aussi, avec la Hongrie et la Pologne ainsi que les dragons d'Asie du Sud-est, le Vietnam, l'Indonésie et même le Cambodge, et enfin les pays du Golfe, qui investissent énormément dans le secteur. »

Du temps où il était président de France Biotech, André Choulika a milité pour que 1 % de l'épargne des Français soit dirigée vers le financement du secteur biotech national. Une demande restée lettre morte… Pourtant, selon Pierre Tambourin « l'épargne longue des Français, hors immobilier, s'élève à six mille milliards d'euros. Et elle augmente de cent milliards chaque année ! Avec un comité d'experts que nous avions créé quand j'étais à Genopole, nous avions montré qu'avec seulement cinq milliards d'euros par an, nous pourrions facilement financer les jeunes entreprises innovantes en France. Nous avons très largement l'équivalent en res-

114. Les licornes sont des entreprises valorisées financièrement à hauteur d'au moins un milliard de dollars.

sources financières de ce que les États-Unis détiennent à travers leurs fonds de pension. Mais pour des raisons que je n'ai jamais comprises, cet argent dort. Chez nous, il y a de l'immobilisme.»

Franck Zal estime que le financement à long terme des entreprises biotech incombe à l'État et, pourquoi pas, aux mutuelles. Pour lui, l'action de l'État peut restaurer notre souveraineté dans le domaine de la santé.

Le projet France 2030 annoncé à la fin 2021 semble aller dans le sens d'une amélioration notable du financement des entreprises du secteur des biotechnologies. Mais pour André Choulika «ce plan est très ambitieux pour le secteur des biotechs médicales. Amener une vingtaine de molécules sur le marché d'ici dix ans, c'est un challenge. Mais il aurait fallu démarrer il y a quinze ans. Les systèmes d'accompagnement sont restés les mêmes ou presque. C'est encore un effet d'annonce parce que les financements sont déjà alloués.» Le président de Cellectis regrette également que l'effort porté pour soutenir politiquement le secteur des biotechs ne soit pas équivalent à celui des technologies numériques. «Cela montre qu'on ne prend pas encore cette industrie au sérieux. Nous n'avons pas en France de Moderna ou de BioNTech associées à un Pfizer comme cela s'est fait au moment de la pandémie de Covid-19. Par exemple, Sanofi a travaillé dans son coin au lieu de s'associer avec Valneva[115], ce qui aurait permis d'aller plus vite. Un secrétariat d'État aux biotechnologies aurait permis de fédérer ce type d'initiative.»

Du côté de la recherche, des propositions existent aussi. Jean-Paul Cadoret nous en soumet quelques-unes. «Je suis pour un retour aux lois de 1901 sur la recherche, c'est-à-dire une autonomie importante donnée aux équipes qui vont chercher et gèrent elles-mêmes leur argent, et sont ensuite jugées sur leurs résultats.

115. Valneva est une biotech française spécialisée dans le développement de vaccins préventifs (valneva.com).

Aujourd'hui, il y a une pré-évaluation très forte des dossiers de financement. C'est une approche "anti risque", c'est ce qu'on appelle de la recherche sous le lampadaire, car on ne cherche que là où c'est déjà éclairé ! Pour chercher dans l'ombre, il faut de l'argent et prendre des risques, mais sans remettre en cause les choix qui sont faits par les entrepreneurs. »

Et puis il y a la formation. André Choulika estime « qu'il n'y a pas assez d'analystes avec des connaissances scientifiques suffisantes. Il faudrait recycler des docteurs en sciences de la vie dans le secteur financier ou bancaire pour qu'ils deviennent analystes. Ce sont souvent des gens trop jeunes et inexpérimentés. Il faut là aussi une porosité plus importante entre le monde académique et le monde financier, pour y apporter de la connaissance. » Et l'ancien chercheur de l'Institut Pasteur veut faire jouer un atout : « Il faut que les entrepreneurs en biotechnologies puissent eux-mêmes se recycler dans le financement pour y apporter leur expérience. »

### Le XXI^e^ siècle sera celui des biotechs

Quand on leur pose la question de l'avenir du secteur biotech français, les chercheurs interrogés sont plutôt positifs. Pas tant sur les aspects de financement et les politiques de la recherche, mais sur ce qui sortira des laboratoires. Par exemple, les molécules issues d'algues que propose Algama, entre autres, ont le vent en poupe dans l'alimentation, les cosmétiques et même dans les biomatériaux.

Pour André Choulika, « la grande révolution aujourd'hui dans le secteur de la santé se joue avec les thérapies cellulaires et géniques, en particulier le *gene editing*[116], et l'entrée de la biologie synthèse dans ces thérapies ainsi que la médecine régénératrice. »

En cancérologie, le domaine de Pierre Tambourin, « l'avenir est prometteur, en particulier grâce à la génomique et à l'intelligence artificielle, qui sera indispensable pour traiter les quantités d'informations géniques qui font que le cancer est une maladie qui relève de la complexité : complexité dans les lésions, leur évolution et leurs effets. C'est un des rares cas de la médecine pour lesquels la médecine personnalisée sera incontournable. Cette personnalisation est à deux niveaux : par rapport au génome de la personne, c'est-à-dire est-ce que telle substance sera bonne pour tel patient, et par rapport à la tumeur, parce que deux tumeurs ne se ressemblent pas toujours. » Pierre Tambourin revient aussi sur un de ses chevaux de bataille, la transdisciplinarité : « La recherche de demain, ce sera l'échange permanent entre des domaines scientifiques différents. Et l'avenir du secteur biotechnologique, je le vois extraordinaire si nous arrivons à rompre les barrières de langage d'un côté et de culture de l'autre. » Quant à l'éthique, sa mission

116. Édition de gène.

du moment, il considère que «le débat était très violent fut un temps. La méfiance était totale vis-à-vis de la recherche. Le grand public pensait que nous tuions des animaux par plaisir. Les choses se sont nettement améliorées. Beaucoup de ceux qui se sont occupés des questions éthiques au cours des années ont réussi à faire en sorte qu'il y ait une discussion intelligente entre les associations de protection animale et les chercheurs.»

Toujours dans la santé, Franck Zal estime que l'avenir sera marin. «De nombreuses molécules issues du milieu marin n'ont pas encore été étudiées, mais très peu d'entreprises explorent ce milieu. Nous venons tous de l'eau. Toutes les espèces et tous les processus du vivant sont nés du milieu marin, donc toutes les pathologies ont été résolues dans le domaine marin. Par exemple, il n'y a pas de cancers chez les requins et certains d'entre eux, au large du Groenland, vivent plus de cinq cents ans et les cellules souches des ascidies les rendent presque invulnérables. Notre approche, c'est le biomimétisme, c'est essayer de regarder des choses simples.»

Pour finir, laissons la parole à André Choulika sur ce qui fait la spécificité de l'entrepreneuriat par rapport à la recherche académique : «Je ne vois pas de différence entre la science académique et ce que nous faisons dans nos entreprises, dans lesquelles nous faisons de la science de très haut vol. La compétition dans la science académique est très dure : on ne peut pas être deuxième, et on est très seul. L'entreprise, c'est le collectif. Un chercheur académique recherche le regard et la reconnaissance de ses pairs pour lui-même, tandis que dans le monde de l'entreprise, le succès d'une société c'est le succès de toutes celles du secteur. Et l'échec de l'une c'est l'échec de toutes.»

La biologie a beau ne pas être une science exacte, toutes les technologies, les alternatives et les parcours proposés par les biotechnologies que nous avons présentés tout au long des pages de cet ouvrage sont les espoirs de demain dans de très nombreux et vastes domaines. Nous n'aurons qu'effleuré l'univers des biotechnologies, mais nous espérons avoir su vous convaincre du bien-fondé de la recherche en sciences de la vie, et de ce qu'elle peut apporter à l'humanité comme solutions afin que nous puissions vivre sur cette «planète miracle», la seule à notre connaissance à pouvoir abriter la vie. Et c'est la principale raison de penser que les biotechnologies sont le sens de l'histoire.

# Remerciements

Merci à tous les chercheuses et chercheurs et tous les intervenants qui ont participé de près ou de loin à la concrétisation de cet ouvrage, pour le temps qu'ils ont consacré aux entretiens, et pour avoir partagé leur métier et leur passion.

À vous toutes et tous, merci.

Achevé d'imprimer en mars 2023
Imprimé en France sur les presses de l'imprimerie Laballery
Dépôt légal : mars 2023
Numéro d'impression : 302050
ISBN : 978-2-36405-227-7